그레타 툰베리와 함께하는
기후행동

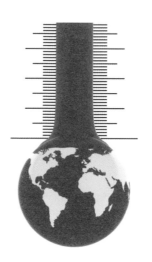

그레타 툰베리와 함께하는
기후행동

기후위기, 행동하지 않으면 희망은 없다

이순희 · 최동진 지음

빈빈
책방

올림픽 기간인데 스포츠 이야기를 하지 않는 것은 이상하다. 그런데 있을 수 있는 일이다. 관심이 없을 수도 있으니까. 하지만 전쟁 중인데 전쟁 이야기를 하지 않는 것은 이상할 뿐만 아니라 있을 수 없는 일이다. 죽고 사는 문제에 초연할 수는 없기 때문이다. 희한한 일이다. 우리가 딱 그렇다. 우리는 기후위기 상황이라고 하면서 정작 기후 이야기를 하지 않는다. 딴 이야기만 한다. 그레타 툰베리는 그런 상황이 이해되지 않았다.

이젠 그레타 툰베리를 모르는 사람은 극히 드물다. 불과 열여섯 살의 나이로 2019년 가을 전 세계 사람들을 '기후파업'에 나서게 한 소녀다. 그레타는 여덟 살 때 '기후변화'와 '지구온난화'라는 말을 처음 들었다. 사람들은 이런 문제가 자신들의 생활방식에서 왔다면서 다양한 노력을 했다. 에너지를 아끼기 위해 전등을 끄고 자원을 절약하기 위해 종이를 재활용했다. 그런데 정작 '기후' 이야기는 하지 않았다. 기후변화는 실제적인 위험이고 가장 중요한 문제인데 정작 '기후' 이야기는 하고 있지 않은 것이다. 그레타에게 8년이 그렇게 지나갔다.

그레타는 어른들에게 묻는다. "어째서 화석연료가 해롭다는 것을 뻔히 알면서도 계속 사용하는 거죠?" "우리 자신과 우리의 자손을 구하기 위해 현재 우리는 무엇을 하고 있나요?" 그러면서 주저하는 어른을 설득하기 위해 애쓴다. "우리는 현재 인류가 얼마나 위험한 상황에 부닥쳐 있으며 지금 무엇을 해야 하는지 알 수 있을 정도로 과학이 발달한 시대에 살고 있잖아요. 더는 이런저런 핑계를 대면서 허비할 시간이 없어요." 그리고 다그친다. "지금 우리에게 필요한 것은 희망이 아니라 행동입니다. 행동에 나서야만 다시 희망을 품을 수 있게 될 것이기 때문입니다."

그렇다. 우리는 이미 다 알고 있다. 무엇이 문제이고 무엇을 해야 하는지 과학은 이미 다 밝혀놓았다. 심지어 과학자들은 이제 '지구온난화' 또는 '기후변화'라는 말보다 '기후위기'라고 표현하자고 주장할 정도다.

핵심은 이산화탄소다. 이미 많이 늦었다. 2000년부터 이산화탄소 배출량을 줄였다면 매년 4퍼센트씩만 줄이면 됐다. 하지만 2019년부터 이산화탄소 배출량을 줄인다면 매년 18퍼센트씩 줄여야 한다. 그레타는 동료 청소년들에게 외친다. "청소년 여러분, 어른들이 올바른 일을 할 수 있게 계속해서 부담을 주시기 바랍니다."

어른들에게 부담을 주기 위해서는 우선 청소년들이 제대로 알아야 한다. 이 책은 여러분들에게 중요한 자료집이 될 것이다. 기후위기는 행동하면 도덕적으로 좋은 문제가 아니다. 행동하지 않으면 생존할 수 없는 문제다.

이정모(서울시립과학관장)

시작하는 말

2018년 8월, 이 책을 준비하기 시작할 무렵, 그레타 툰베리가 금요일 등교 거부 시위를 시작했다는 소식을 들었다. 그레타는 그 이후로 지금까지 변함없이 금요일 시위를 이어가며 기후위기를 방관하거나 오히려 키운 국제사회와 정부들을 따끔하게 꾸짖고 있다. 그 사이에 그레타의 행동을 지지하며 나선 사람들이 수백만으로 늘어났다.

"저는 기후변화에 대해 공부할 때, 다른 종들과 달리 인간이라는 동물에게는 지구 기후를 바꿀 능력을 가지고 있다는 걸 알게 되고서 참 이상하다는 생각을 했던 기억이 납니다. 만일 우리에게 그런 능력이 있고 기후변화가 실제로 일어나고 있다면, 사람들이 죄다 그 이야기만 해야 하잖아요! 텔레비전에서도 라디오에서도 신문에서도 온통 그 이야기만 해야죠! 세계대전이 벌어지고 있을 때처럼 말이에요! 그런데 왜 아무도 그런 이야기를 하지 않을까요? …… 이게 생존이 달린 문제라면, 왜 사람들은 전에 해오던 대로 살아가는 거죠?(그레타 툰베리의 테드TED 강연 중에서)"

아직도 많은 사람들이 기후변화, 지구온난화, 온실가스에 관한 이야기를 귓등으로 흘려들으며 외면한다. 기후위기가 시간이 갈수록 점점 심각해지고 있는데도, 특히 우리나라에서는 많은 사람이 미세먼지 문제에는 신경을 곤두세우면서도 기후변화 문제에는 관심을 보이지 않는다. 왜 그럴까? 어느 누구도 진실을 알려주지 않기 때문이다. 오히려 진실을 가리려는 쪽의 힘이 크게 작용하기 때문이다.

이대로 외면하며 지낸다면, 기후변화는 우리 미래, 아니 현재까지 바꿔놓을 수 있다. 우리는 지구온난화가 우리의 삶과 지구 기후, 그리고 생태계에 어떤 영향을 미칠지 정확히 알아야 한다. 지금 지구 대기권에서, 북극 해빙에서, 국제 기후 회의장에서, 정부 청사에서, 우리 집 안에서 벌어지는 사실들을 제대로 알아야 한다. 또한 가까운 미래에, 그리고 먼 훗날 얼마나 심각한 충격이 닥칠 수 있는지, 그 충격을 막기 위해 지금 당장 무엇을 해야 하는지 알아야 한다. 이 책은 이런 이야기들을 다룬다.

힘든 활동을 이어가고 있는 그레타를 생각하면, 이제야 그의 이름을 빌려 이런 책을 내놓는 게 참으로 부끄럽다. 하지만 옳은 길이라고 믿는다. 지금 내가, 우리가 어떤 선택을 하고 어떤 행동을 하느냐에 따라서 미래는 여러 가지로 갈라질 수 있으니까. 행동하지 않으면 희망은 없으니까.

차례

1장

그레타 툰베리가
등교를 거부한 이유

2장

석유와 석탄,
황금알인가 악마의 돌인가

3장

부자 나라와
가난한 나라

그레타 툰베리가
등교를 거부한 이유

기후변화와 관련한 모든 사실과 해법은 이미 우리 손에 쥐어져 있습니다. 아무도 미래를 구하기 위한 행동에 나서지 않아 얼마 안 있어 미래가 사라질지도 모르는데, 그런 미래를 위해서 공부를 하는 게 의미가 있을까요? 우리 사회가 무시하고 있는데, 학교에 가서 이런 저런 사실을 배운다는 게 의미가 있을까요?

― 그레타 툰베리, 2018년 12월 3일 유엔기후변화협약 당사국총회에서 한 연설 중에서

기후를 위한
등교 거부

#그레타 툰베리 #미래를 위한 금요일 #기후행동
#파리기후협약 #기후소송 #청소년기후행동

2018년 8월 스웨덴의 국회의사당 앞, '기후를 위한 등교 거부'라는 팻말을 들고 한 학생이 정문 앞에 섰다. 그 학생 이름은 그레타 툰베리. 2003년생인 그레타는 여덟 살 때부터 기후변화에 관심을 갖기 시작했다. 학교에서 선생님은 전등을 잘 끄고 물과 종이를 절약하고 음식을 버리지 말라고 가르쳤다. 살 곳을 잃어가는 북극곰의 모습을 보여주며 휴가철에 비행기 여행을 자제하라고 말했다.

● 왜 비행기 여행을 자제해야 하나요?

"왜 그렇게 해야 하느냐?" 하는 그레타의 질문에 선생님은 기후변화 이야기를 들려주었다. 그레타로서는 믿기지 않는 이야기였다. 인간이 정말로 기후를 변화시키고 있다면 그건 우리 문명을 위협하는 일일 테니까. 그렇다면 당연히 모든 사람이 그 이야기에 관심을 두어야 하는 게 아닐까? 그런데 주위 사람 누구도 그런 이야기를 하거나 그 문제에 관심을 보이지 않았다.

그레타 툰베리, 2018년 8월 스웨덴 스톡홀름 국회 앞에서 '기후를 위한 등교 거부'라는 팻말을 들고 1인 시위를 벌이고 있다.

그레타는 기후변화에 관한 공부를 시작했다. 하지만, 공부할수록 답이 없다는 절망감에 빠졌다. 11살 때는 우울증을 앓았고 몸무게가 10kg이나 빠

그레타 툰베리와 함께하는 기후행동

지기도 했다. 어느 순간 그레타는 이런 생각을 하는 것 자체가 시간 낭비라는 걸 깨달았다. 기후변화를 막기 위해 무슨 일이든 하고 싶다는 소망과 자신이 할 수 있는 일이 분명 있을 거라는 희망이 생기자 우울증은 사라졌다. 그레타는 미국의 한 고등학교에서 총기 난사 사건이 벌어진 후 많은 학생이 등교를 거부하고 총기를 규제하라고 요구하며 시위를 벌인다는 뉴스를 눈여겨보았다.

● 정치인들은 기후를 위해 아무것도 하지 않아요

　2018년 여름, 북유럽에 유례없는 폭염이 닥쳤다. 스웨덴도 예외가 아니었다. 스웨덴의 평년 여름철 최고 기온은 20도 안팎이었는데, 그해 여름에는 기온이 30도를 훌쩍 넘어섰고 곳곳에서 산불이 일어났다. 당시 스웨덴은 총선을 앞두고 있었다.

　거리마다 수많은 정치인들의 사진이 붙어 있었다. 그레타는 생각했다. '4년 전에도, 8년 전에도 정치인들은 기후변화에 대해서 많은 얘기를 했어. 그런데 왜 스웨덴 기후는 점점 나빠지는 거지? 선거 때마다 정치인들 말을 믿고 투표했는데, 정작 그들은 기후변화와 관련해서 아무런 일도 하지 않았어. 그래놓고 또다시 표를 달라고 외치고 있어.'

　8월 20일, 그레타는 기후위기가 심각한데도 적극적으로 대응하지 않는 정치인들에게 책임을 물어야 한다고 생각하고 학교에 가는 대신 국

청소년들이 포장용 박스를 재활용해 만든 손팻말

회 앞으로 갔다. 그곳에서 사람들에게 인쇄물을 나누어 주면서 말했다. "저는 어른들이 우리 미래를 망치고 있다는 걸 알리기 위해서 이 일을 하고 있어요." 그리고 총선이 실시되었던 9월 9일까지 날마다 학교 대신 국회 앞으로 가서 1인 시위를 했다.

총선이 끝난 뒤에도 그레타는 매주 금요일마다 등교 거부 운동을 계속했다. 트위터를 통해 '#미래를 위한 금요일#Fridays For The Future'이란 해시태그를 붙여 자신의 행동을 알렸다.

그레타가 1인 시위를 시작한 후 많은 사람이 응원에 나섰다. 함께 앉아서 이야기를 나누는 사람도 늘어났다. 그레타와 함께 시위하는 교사도 나왔다. 곧이어 그레타의 '#미래를 위한 금요일' 행동에 호응하는 등교 거부 운동이 여러 나라로 번져갔다. 독일, 벨기에, 영국, 프랑스, 호주, 일본 등에서 십대들이 등교를 거부하며 다양한 기후 행동을 벌이기 시작했다.

● 이렇게 추운데, 지구온난화는 뭘 하나?

2019년 1월 말, 미국의 트럼프 대통령은 트위터에 "지구온난화는 뭘 하나? 빨리 돌아와라. 지금 우리에겐 지구온난화가 필요하다"라는 글을 남겼다. 마침 미국에서 체감기온이 영하 50도로 떨어지는 기록적인 한 파가 이어지던 때다. 그는 인간의 활동 때문에 지구가 점점 더워진다는 건 사실이 아니라고 주장해왔으니 이 기회에 "기후변화는 사기다"라는 말을 하고 싶었던 모양이다.

트럼프 대통령은 2017년 취임 직후 파리기후협약을 탈퇴하겠다고 선언했다. 파리기후협약은 2015년에 세계 각국이 온실가스 감축을 실천하자고 합의하여 마련한 약속이다. 미국은 에너지 소비 대국으로 지구온난화에 대한 책임이 매우 크다. 그런데 그런 나라의 대통령이 기후변화 대응의 필요성을 인정하지 않고, 오히려 이전 정부에서 마련해 놓은 온실가스 감축을 위한 정책들을 뒤집어엎고 있다. 안타깝게도 다른 나라 정치인 중에도 기후변화의 심각성을 외면하는 사람들이 많다.

> **기후변화** 인간의 활동 때문에 일어나는 기후의 변화. 인간이 난방, 산업, 교통, 전기 생산 등을 위해 대량의 화석연료를 쓸 때 발생하는 이산화탄소 등의 온실가스가 대기 중에 쌓인 결과, 지구 평균기온이 오르고, 그에 따라 각종 기후위기가 일어나는 것을 가리킨다.

지구 대기의 온실효과

● 지구 대기의 정상적인 온실효과

– 지구 대기를 이루는 기체 중에는 복사에너지를 잡아두는 성질이 큰 기체들이 있다. 온실효과를 낸다고 해서 온실가스라고 부르는 이 기체 때문에 지구는 대기가 없을 때보다 더 높은 온도(약 15도)를 유지해 생물이 살기 좋은 환경을 제공한다.

● 지구 대기의 강화된 온실효과가 일으키는 지구온난화

– 똑같은 양의 태양에너지가 지구로 유입되어도 , 대기 중 온실가스의 양이 늘어나면 대기에 갇혀 빠져나가지 못하는 복사열의 양이 많아져 지표를 더 뜨겁게 데워 기온 상승을 일으킨다.

– 산업화 이후로 화석연료 사용과 토지의 인공적 개발이 크게 늘어난 탓에 대기 중 온실가스 농도는 빠르게 높아지고 있다.

● 주요 온실가스

이산화탄소, 메탄, 아산화질소, 수소불화탄소, 과불화탄소, 육불화황, 이 기체들은 인간이 배출하는 기체 가운데서 온실효과가 매우 강력한 기체들이다. 그중 이산화탄소는 인간이 배출하는 온실가스 가운데 가장 많은 양(약 80%)을 차지해서 지구온난화의 주범으로 불린다. 대기 중 이산화탄소 농도는 산업화 이전인 1880년경에 280ppm이던 것이 2018년에는 400ppm을 넘어섰다. 온실가스 배출량은 흔히 앞서 말한 6가지 온실가스 배출량을 이산화탄소를 기준으로 환산하여 표시한다.

따라서 인간 활동에서 발생하는 온실가스 배출량을 대개는 이산화탄소 배출량 혹은 탄소배출량으로 표현한다. 즉 온실가스, 이산화탄소, 탄소를 동의어처럼 쓰기도 한다.

● 정치인들의 의무태만, 그 피해는 청소년들에게

  트럼프 대통령을 비롯한 일부 정치인들이 아무리 부인하고 외면하려고 애를 써도, 과학자들의 오랜 세월에 걸친 연구, 그리고 지구상의 거의 모든 나라가 참여해온 국제 기후회의를 통해 드러난 진실을 가릴 수는 없다.

  이 회의들에서 논의된 내용에 따르면, 현세대가 지구의 기후와 환경을 파괴하고 혼란과 충격을 준다면 미래 세대는 이로 인해 엄청난 고통과 피해를 고스란히 떠안게 될 것이다. 그레타 툰베리를 비롯해서 많은 사람이 지구촌 곳곳에서 이런 진실을 깨닫고 행동에 나서고 있다.

  2013년 네덜란드 환경단체 우르헨다 재단은 900명의 청소년, 시민을 모아 기후소송을 제기했다. 네덜란드 정부가 "2020년까지 자국의 온실가스 감축 목표를 1990년 대비 최소 25% 감축한다"는 것에서 17% 감축으로 조정한 것에 항의하여 조직한 행동이었다. 재판을 맡은 헤이그 지방법원은 우르헨다의 손을 들어주었다. 법원은 "2020년까지 온실가스를 1990년 대비 25~40% 줄이자"라고 합의한 2007년 기후변화협약 회의 등을 근거로 꼽았다.

  네덜란드 정부는 "법원이 정부 정책을 강제할 수 없다"고 하며 항소했지만 받아들여지지 않았다. 2018년 10월 네덜란드 고등법원은 "온실가스 감축을 미루면 미룰수록 시민 건강과 안전이 위험해진다"라고 하면서 정부에게 당장 온실가스 감축 목표를 더 높이라고 판결했다.

2015년 8월 미국 오리건 주에서는 청소년 21명이 미국 연방정부와 화석연료기업들을 상대로 소송을 제기했다. 이들은 "정부는 기후변화의 위험성을 알면서도 50년 넘게 이를 방조하고, 오히려 화석연료 생산과 사용을 부추기는 정책을 펴서 청소년들의 생명권, 자유권, 재산권을 침해했다"고 하면서 적극적으로 온실가스 배출 감축 계획을 세우고 실행하라고 주장했다. 2020년 3월에는 대한민국 정부와 어른들이 기후 위기에 적절한 조치를 하지 않아 국민의 생명권, 행복추구권, 환경권을 침해하고 있다며 청소년들이 헌법소원을 냈다.

2019년 3월 15일에는 우리나라를 포함해서 105개국 1,650곳에서 수만 명의 청소년이 등교를 거부하고 시위를 벌였다. 5월 24일에도 우리 청소년들은 기후행동에 참여하여 이런 성명을 냈다. "왜 교육청은 기후변화에 대해 적극적으로 교육하지 않습니까? 기후변화가 지금 당장 닥치고 있는데, 우리의 미래는 멸종되어 버릴지도 모르는데, 그 위기 속에서 왜 우리는 입시만을 위한 교육을 받고 있는 겁니까?"

이들은 기후변화를 위기로 인식하지 않는 기성세대들의 안일한 태도를 비판하고 기후변화의 심각성을 알렸다. 지금도 세계 곳곳에서 많은 청소년이 기성세대의 적극적인 기후 행동을 촉구하는 활동에 참여하고 있다.

기후위기는
얼마나 심각할까

#탄소예산 #온실가스 배출 #해수면 상승 #산호초
#해양 산성화 #태풍 #허리케인 #대형 산불

기후변화에 관한 정부 간 협의체(IPCC) 6차 보고서에 따르면, 인류가 1850년부터 2019년 사이에(140년 동안에) 배출한 이산화탄소 누적 배출량은 약 2조 4,000억 톤이다. 이 중 절반 이상(약 58%)이 1850년~1989년 사이에 발생했고, 나머지 약 42%가 1990년부터 2019년 사이에(30년 동안에) 발생했다. 인류는 최근 30년 동안에 특히 많은 양의 이산화탄소와 기타 온실가스를 배출했고, 이 때문에 지구온난화와 심각한 기후변화가 일어나고 있다.

● 인류에게 남은 탄소예산 3,600억 톤

　기후변화에 관한 정부 간 협의체 6차 보고서에 따르면, 그동안 인간의 활동 때문에 지구 평균 온도는 이미 1.2도가 오른 상태다. 당장 온실가스 배출을 빠르게, 과감하게 줄이지 않는다면, 지구 온도는 점점 더 빠르게 올라가 2100년경에는 현재보다 1도에서 5.5도까지 오를 수 있으며, 이로 인해 심각한 기후위기가 발생할 수 있다. 파리기후협약에서 국제사회는 산업화 이전보다 2도 이상 오르지 않도록 하자는 목표를 세웠고, 되도록 1.5도를 넘기지 않도록 더 적극적인 노력을 기울이자고 약속했다.

　'1.5도, 혹은 2도 이하 억제'라는 목표는 대체 왜 중요한 걸까? 일단 이 목표 온도를 넘어서면 작은 변화가 다시 원인을 키워 큰 변화를 일으키는 '양의 되먹임'(38쪽 참조)이 시작되면서 지구온난화가 저절로 증폭될 가능성이 높다. 그렇게 되면 인간이 아무리 노력해도 결코 막을 수 없는 대규모 멸종과 인류 공멸의 대재앙이 펼쳐질 거라고 과학자들은 경고한

　그레타 툰베리와 함께하는 기후행동

다. 이 목표 온도를 넘어서지 않게 하려면 우리는 온실가스 배출을 얼마만큼 줄여야 하고, 또 얼마만큼 빠른 속도로 탄소 배출을 줄여야 할까?

탄소예산은 지구 온도가 대폭 오르는 것을 억제하려고 할 때 인류가 배출해도 되는 온실가스 누적 배출량을 말한다. 따라서 억제하려는 목표 온도가 낮을수록 탄소예산은 줄어든다. 상승폭 1.5도를 목표로 하면 탄소예산은 상승폭 2도 목표인 경우보다 훨씬 줄어든다. 앞서 말한 보고서에 따르면, 지구 평균 온도 상승을 1.5도 아래로 억제하려면 인류는 앞으로 이산화탄소를 3,600억 톤만 배출할 수 있다. 즉 현재 우리의 탄소예산은 3,600억 톤이다.

인류는 해마다 약 400억 톤씩 이산화탄소를 배출하고 있다. 앞으로 이산화탄소 배출량을 줄이지 않고 계속해서 비슷한 양의 이산화탄소를 배출한다면 인류의 탄소예산은 몇 년 만에 바닥이 날까? 몇 년 남지 않았다는 계산이 나온다. 우리는 몇 년 안에, 아주 빠르게, 이산화탄소 배출을 대폭으로 줄이는 과제를 달성해야 한다. 그레타 툰베리를 비롯한 많은 이들이 말하듯이, 지금은 기후 비상사태다. 비상사태인 만큼 꼭 필요한 행동을 시급히 행동에 옮겨야 한다.

탄소예산 지구 온도가 대폭 오르는 것을 억제하려고 할 때 인류가 배출해도 되는 온실가스 누적배출량. 목표 온도가 낮을수록 탄소예산은 줄어든다. 즉 상승폭 1.5도를 목표로 하면 탄소예산은 상승폭 2도 목표인 경우보다 훨씬 줄어든다.

누적배출량 1800년대 혹은 경제 개발 이후로 대기 중에 뿜어낸 온실가스의 총량이 누적배출량이다. 영국, 미국 등 누적배출량이 많은 나라일수록 지구온난화의 책임이 크다.

● 미래 세대에게 빚 떠넘기기

　매달 월급을 받아 생활하는 직장인이나 한 달 용돈을 받아서 쓰는 학생들은 간식비, 오락비, 전기요금, 교통비 등 돈 쓸 곳을 신중하게 고려해서 쪼개 써야 한다. 이게 바로 예산이다. 만일 월급날이나 용돈 받을 날이 보름도 더 남았는데 돈을 다 써버린다면 큰일이다. 그래서 사람들은 예산에 맞춰 돈을 아껴 쓴다. 만에 하나 예산을 넘겨쓰게 되면 누군가에게 빚을 얻거나 나머지 날들은 허리띠를 졸라매야 한다.

　탄소예산도 마찬가지다. 탄소예산이 바닥이 나면 온실가스를 전혀 배출하지 않거나, 꼭 필요하다면 누군가의 몫을 빌려와야 한다. 오래전부터 화석연료 없이 사는 훈련을 해왔다면 몰라도, 아무 대책 없이 화석연료를 흥청망청 태워대면서 온실가스를 뿜어내며 살아온 마당에 화석연료 사용을 갑자기 뚝 끊고 살기는 어려울 것이다. 마음은 켕기지만 가장 편한 방법은 누군가에게 신세를 지는 것. 그런데 그 누군가가 바로 미래 세대들, 지금의 청소년들과 아직 태어나지 않은 후손들이다.

인간의 활동이 초래한 기후위기

　현세대가 배출하는 온실

그레타 툰베리와 함께하는 기후행동

지구온난화의 증거

대기 중 이산화탄소 농도 – 1880년 280ppm에서 1959년 316ppm, 그리고 최근 30년 사이에 크게 늘어 2022년 약 418ppm으로 증가(미국해양대기청)

지구 평균 온도 – 1880년에서 2022년 사이에 1.2도 상승(세계기상기구)

주목할 점 – 지구 대기중 이산화탄소 농도는 65만 년 동안 300ppm 이하에 머무르다가, 산업혁명 이후에 폭증했다. 이에 따라 지구 평균 기온 역시 빠르게 상승하고 있다.

역사적 증거 – 수십만 년 전부터 형성된 빙하 속 공기방울과 퇴적물 등에서 확인한 이산화탄소 농도 자료와 기후 관측소 등에서 얻은 기온 자료.

이에 따른 중요한 기후변화 :

① 폭염과 한파가 점점 심해진다.

② 해수면 상승이 계속된다.

③ 태풍과 허리케인이 강력해진다

④ 극지 얼음이 점점 빠르게 녹는다.

⑤ 여러 가지 기후 현상 변화가 온난화를 갈수록 심하게 만든다.

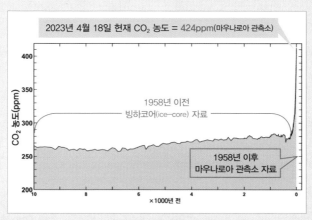

최근 백여 년 사이에 이산화탄소 농도가 급증했다. (미국해양대기청)

가스가 늘어나면 늘어날수록, 혹은 현세대가 온실가스 감축을 뒤로 미룰수록, 미래 세대는 더욱더 극심한 타격을 입게 된다. 누가 처음 쓴 말인지 몰라도, 탄소예산은 너무 점잖은 표현이다. 문제의 심각성을 고려하면, 탄소예산보다는 '탄소 시한폭탄'이란 말이 더 적합하다.

정해진 시간 안에 해체하지 못하면, 폭탄은 터진다. 과학자들은 '지구온난화가 돌아올 수 없는 선을 넘지 않도록 막을 수 있는 시간'을 지구온난화의 '골든타임'이라고 한다. 어떤 과학자들은 골든타임이 3년밖에 남지 않았다고 하고, 어떤 과학자들은 12년이 남았다고 한다. 분명한 것은 골든타임이 얼마 남지 않았고 이에 대한 대책이 시급하다는 것이다.

세계가 10년 혹은 20년 사이에 온실가스 배출을 대대적으로 줄이지 않는다면, 대기 중 이산화탄소 농도는 폭증할 것이다. 계속 멈칫대면서 10년, 20년을 그냥 보낸다면, 지구 기후시스템은 인류의 상상을 초월하는 변화를 일으킬 것이다. 기온은 가파르게 치솟고, 해수면은 높아져 육지가 물에 잠기고, 폭염과 한파, 가뭄이 닥치는 등, 인류는 걷잡을 수 없는 기후변화의 소용돌이 속으로 빨려들어 갈 것이다.

● 점점 심해지는 폭염의 충격

2003년 유럽에 닥친 폭염 때문에 많은 사망자가 나와 지구촌을 충격에 빠뜨렸다. 당시 섭씨 44도의 기록적인 폭염을 겪은 프랑스에서는 1만

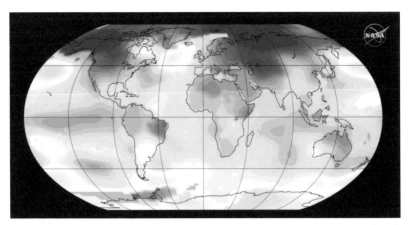

1951~1980년 평균 기온을 기준으로 2014~2018년의 온도 상승폭을 색으로 표시한 그림. 짙은 붉은 색이 그려진 곳이 2.2도가량 상승한 지역이다. 기록적인 기온 상승으로 곳곳에서 극심한 폭염이 자주 발생한다. (출처 NASA)

5천 명의 사망자가 발생했고, 유럽 전역에서 3만여 명이 사망했다. 2010년에 러시아에서는 5만 6천 명이, 2015년에 인도와 파키스탄에서는 수천 명이 폭염으로 사망한 것으로 알려졌다.

2018년에는 북미, 유럽, 중동, 아시아에 섭씨 40도를 웃도는 기록적인 폭염이 닥쳤고, 일부 지역에서는 46도에 달하는 기온이 관측되었다. 미국에서는 8천만 명에게 폭염 경보가 내려졌고, 일본에서는 일주일 사이에 65명 넘게 사망했고, 무려 2만 3천 명이 온열 질환으로 병원을 찾았다. 인도 안드라 프라데쉬 주에서는 27일 동안 섭씨 45도를 웃도는 이상고온으로 1천 명 넘게 사망했다.

1995년 시카고 폭염 스케치

1995년 7월 13일, 시카고. 기온이 41도까지 치솟았고 체감온도는 52도까지 올라갔다. 벽돌로 지은 집과 아파트는 오븐처럼 데워졌고 고층 건물의 실내 온도는 창문을 열어도 41도를 가리켰다.

자동차 수천 대가 길 위에서 고장이 났고 몇몇 도로는 휘어졌다. 고열 때문에 철로의 이음새가 어긋나 전철과 기차가 멈춰 서서 교통대란이 일어났다.

전기 사용량이 치솟으면서 정전 사태가 잇달아 엘리베이터와 에어컨에 전기 공급이 끊어지고 라디오와 텔레비전이 먹통이 되어 시급한 정보를 입수할 통로까지 막혔다.

많은 사람이 열에 노출되어 쓰러졌다. 구급대로 구조 요청 신고가 한꺼번에 쏟아지는 바람에 구급차와 구급대원이 모자랐고 병원에도 병상이 부족했다. 집안에 고립된 채 병을 앓던 사람들은 어떤 도움도 받지 못한 채 죽음을 맞았다.

시카고는 선진공업국의 도시다. 그런데도 1995년 여름 고온이 이어지던 닷새 동안 700명이 넘는 사람들이 폭염 때문에 목숨을 잃었다. 도시에 사는 사람들은 폭염 피해를 거뜬히 피해갈 수 있을 거라고 생각하면 오산이다.

폭염 희생자라고 하면 뜨거운 고온이나 직사광선에 노출되어 열사병, 일사병 때문에 죽은 사람만 떠올리기 쉽다. 그러나 폭염은 뇌졸중, 심혈관질환 등을 악화시켜 사망자를 늘린다. 또한 폭염 때문에 전기 공급, 교통, 의료, 구호 시스템이 마비되면서 예기치 않는 사고를 당하거나 질병이 악화되어 사망하는 경우도 많다.

폭염뿐 아니라 각종 기후 재난은 수많은 사람을 죽음으로 몰아넣을 수 있다. 폭염에는 외출을 삼가라는 경보를 울리는 것만으로는 폭염 피해를 막을 수 없다. 시카고 폭염 사망 사태는 효과적인 기후위기 대응책을 마련해야 한다는 경각심을 불러일으킨 대표적인 사례다.

● 해수면이 점점 높아진다

20세기 동안 평균 해수면은 20㎝ 정도 상승했다. 이유가 뭘까? 지구 온도가 상승했기 때문이다. 바다가 따뜻해지면 물이 팽창하고 해수면이 상승한다. 수온이 섭씨 1도만 올라가도 지구의 해수면은 40㎝ 높아진다. 산지 빙하가 녹아내리고, 북극 해빙과 남극 빙산이 서서히 녹아내리는 것도 해수면 상승에 영향을 준다.

전 세계 인구의 약 40％가 해안에서 100㎞ 이내의 거리에 살고 있다. 해수면 상승은 이들에게 곧바로 영향을 미친다. 예를 들면, 상당한 면적의 땅이 바다에 잠기고 지하수에 바닷물이 섞여든다.

최근 인도네시아는 수도를 자카르타에서 다른 곳으로 옮길 계획을 하

해수면 상승으로 침수가 잦아진 방글라데시의 한 지역. 비가 와서 물이 불어난 탓에 주민들이 고립되어 있다.

고 있다. 인도네시아는 1만 7천 개의 섬으로 이뤄져 있는데, 지구온난화에 따른 해수면 상승과 지반 침하로 2100년경이면 해안 도시 대부분이 물에 잠길 것으로 예측된다. 특히 자카르타는 해마다 평균 7.5㎝씩 지반이 내려앉아 이미 도시 면적의 40%가 해수면보다 낮아진 상태다. 이대로 가다가는 자카르타뿐 아니라, 해안 지역에 있는 대도시들에서는 지하수에 바닷물이 스며들어 식수와 농업용수 위기도 닥칠 것이다.

방글라데시는 국토의 10퍼센트가 해수면보다 낮아서, 태풍이나 집중호우가 닥칠 때마다 해안 지역의 많은 농지와 거주지가 바닷물에 잠긴다. 평소에도 농지와 지하수로 바닷물이 스며들어 농사를 망치기도 한다. 이 때문에 많은 사람들이 해안 지역을 떠나 수도 다카로 밀려들고 있다. 2022년 다카 인구는 약 2,200만 명인데 하루 2,000명꼴로 늘어난다. 수십 년 안에 다카 인구가 4,000만 명까지 늘어날 것이라는 예측도 있다.

문제는 한 나라 혹은 한 도시 안에서 끝나지 않는다는 데에 있다. 메콩강, 나일강 인근 삼각주 등 해안 지역들은 비옥한 토양 덕분에 하늘이 내린 곡창지대로 알려졌던 곳이다. 해수면 상승으로 이 지역들이 물에 잠기면 세계적인 식량 위기가 나타날 수밖에 없다.

우리나라도 안전하지 않다. 한반도 주변 해수면은 지구 평균보다 빠르게 상승하고 있다. 기후변화에 대책을 세우고 실행하지 않을 경우, 2100년경에는 우리나라 해수면은 지금보다 적게는 33㎝에서 많게는 96㎝까지 상승할 것으로 예측된다. 이렇게 되면 인천공항과 김해공항, 송도 신도시, 낙동강 부근, 김해평야에 바닷물이 들어차고 인천, 부산 등

2009년 모하메드 나시드 전 몰디브 대통령은 수몰위기에 처한 자국의 절박한 상황을 세계에 알리기 위해서 스쿠버 장비를 착용하고 '수중 국무회의'를 열기까지 했다.

해안 일부 도시가 바닷물에 잠길 것이다.

● 산호초가 보내는 위험 신호

 바닷물은 본래 약알칼리성을 유지한다. 산업화 이후로 인간이 배출한 이산화탄소 중 3분의 1 이상이 바다로 흡수되었다. 바닷물에 이산화탄소가 녹으면 바닷물의 pH(수소 이온 농도 지수)가 낮아진다. 바닷물의 평균 pH는 산업화 이전에는 8.2였다가 지금은 8.1로 낮아졌는데, pH가 0.1만 줄어도 산성도는 약 30% 높아진다. 지금과 같은 속도로 지구온난화가 진행되면, 2100년경 바닷물의 pH는 6.1~7.8로 낮아질 것이라고 과

백화 현상이 진행되고 있는 호주의 산호초 군락 그레이트배리어 리프

학자들은 추정한다.

해양산성화는 해양 생태계에 치명적인 피해를 준다. 해양산성화로 큰 영향을 받는 대표적인 생물이 바로 산호다. 바닷물의 산성도가 높아지면 산호는 골격이 제대로 형성되지 않아 쉽게 부서지거나 죽는다. 산호의 체내에 공생하는 식물 플랑크톤은 광합성을 통해 산호에 영양을 공급하고 바닷물에 산소를 공급한다. 과학자들에 따르면, 지구 해양생물의 25%가 산호초에 의지하고 있다. 산호가 떼죽음을 당하면 산호와 공생하는 플랑크톤이 줄어들고, 바닷물에 녹아든 산소가 부족해져 해양생태계 먹이사슬 전체가 영향을 받는다.

해양산성화가 지금과 같은 속도로 진행된다면, 2100년경에는 지구상의 모든 산호초가 사라지고, 바다 생물의 종수가 30%가량 줄어들 거라고 한다. 한 생물 종이 없어지면 그 생물 종을 먹고 사는 다른 생물 종도 위험에 처한다. 인간도 예외일 수 없다.

우리나라에서도 오래전부터 해양산성화의 영향이 나타나고 있다. 모든 연안에 갯녹음 현상이 나타나 어획량이 크게 줄고 어장이 황폐화하고 있다.

그레타 툰베리와 함께하는 기후행동

호주 인근 거대 산호초가 색깔을 잃는 까닭

호주 북동 해안에는 그레이트배리어 리프Great Barrier Reef라는 거대한 산호초 군락이 있다. 3,000여 개의 작은 산호초와 600여 개의 섬을 포함해서 길이가 2,300㎞에 이른다. 1,500여 종의 물고기와 4,000여 종의 연체동물이 서식하는 생태계 보고다.

예전에는 총천연색의 화려한 색깔을 뽐냈지만, 지금은 이 산호초 군락의 91%가 색이 하얗게 변하는 백화 현상을 보이고 있다. 해양산성화와 수온상승, 수질오염이 백화 현상의 원인으로 추정된다.

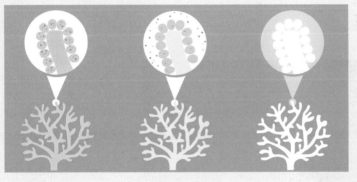

건강한 산호초
식물성 플랑크톤과 공생 관계를 유지하여 다채로운 색상을 낸다.

충격에 시달리는 산호초
수온 상승과 오염으로 산호초의 영양원인 식물성 플랑크톤이 산호초를 떠난다.

하얗게 된 산호초
식물성 플랑크톤이 없어 산호초가 색을 잃고 영양 부족과 질병에 노출된다.

● 북극이 무서운 속도로 녹고 있다

북극에서는 지구 평균보다 훨씬 빠른 속도로 온도가 상승하고 있다. 북극 얼음이 녹아내리면서 기온 상승을 가속시키기 때문이다. 북극 얼음은 하얀색 계통이라 태양빛을 잘 반사하지만, 기온이 높아져 얼음이 줄어들면 어두운 색의 바다가 그대로 드러나 태양빛을 훨씬 더 많이 흡수한다. 겨울이 되어도 다시 얼어붙는 면적이 점점 줄어들고 형성되는 얼음층의 두께도 점점 얇아진다. 봄이 되어 기온이 올라갈 때는 면적이 줄고 두께가 얇아진 얼음은 더 빠른 속도로 녹아내린다. 이처럼 북극에서는 기온이 더 올라가고 얼음이 더 빨리 녹아내리는 악순환이 빠르게 진행되고 있다.

결국 북극에서는 최근 50년 사이에 얼음의 평균 두께가 절반가량 줄었다. 과학자들은 21세기 안에 여름철에 북극 얼음이 완전히 사라질 것이라고 예상한다.

지구의 바다는 끊임없이 흐르면서 극지와 적도 사이를 오가고 이 대륙 저

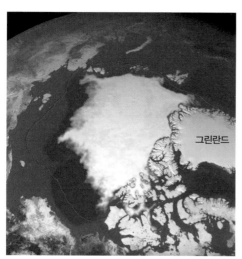

2019년 8월 북극에서 얼음에 덮인 구역(흰 부분). 1981년-2010년 사이에 평균적으로 얼음에 덮여 있던 구역(빨간 선)에 비해 크게 줄어든 상태다. (출처 미국 국립설빙자료센터)

그린란드

그레타 툰베리와 함께하는 기후행동

대륙을 휘돌아 흐르며 태평양과 대서양 사이를 오고 간다. 해양대순환이 정상적으로 이루어질 때는 적도의 열을 품은 멕시코만류가 북대서양에서 북극을 향해 올라오면서 온대지역의 기온을 온화한 수준으로 유지한다.

그러나 지구온난화로 북극 얼음이 녹아 극지 바닷물의 염분 농도가 묽어지면, 지구의 열을 골고루 분산하는 해양대순환이 느려지거나 중단될 수 있다. 만일 그렇게 되면 우리나라를 비롯한 북반구 온대 지역에 여름에는 극심한 폭염이, 겨울에는 극심한 한파가 닥칠 것이다.

● 점점 강력해지는 태풍과 허리케인

허리케인 카트리나는 모든 미국인에게 공포를 불러일으키는 이름이다. 2005년, 허리케인 카트리나가 뉴올리언스에 상륙했다. 도시의 80%가 물에 잠겨 2,500명가량이 사망하거나 실종되고 수십만 명이 피해를 보았다. 카트리나가 상륙하기 직전 며칠 동안 멕시코만과 카리브해의 해수 온도는 매우 높은 상태를 유지하고 있었다.

태풍과 허리케인의 원동력은 따뜻한 바닷물에서 나온다. 태양 에너지가 적도 바다를 데우면 바닷물이 증발하면서 고온다습한 공기가 바다 수면 위에 모인다. 저기압은 주변의 덥고 습한 공기를 계속 빨아들여 회오리바람을 만들고 태풍이나 허리케인으로 발전한다. 태풍과 허리케인

2005년 허리케인 카트리나가 상륙하기 직전 멕시코만의 수온은 대단히 높았다. 노란색은 해수 표층 온도가 28도 이상인 곳, 주황색은 30도 이상인 곳이다. 사진 · NASA

이 지나간 뒤에는 적도 부근의 수온이 떨어진다.

이처럼 태풍과 허리케인은 적도 지방에 쌓인 열을 중위도 지방으로 보내 열의 불균형을 해소하는 역할을 한다. 그런데 해양대순환이 정체되어 수온이 상승하면 공기가 따뜻해지고, 따뜻해진 공기는 더 많은 수분을 흡수한다. 지구가 따뜻해질수록 허리케인은 강해질 확률이 높다.

2017년 여름, 대형 허리케인 세 개가 잇달아 미국을 강타했다. 8월에는 허리케인 하비가 텍사스를, 9월에는 허리케인 어마가 플로리다를, 같은 달 허리케인 마리아가 미국 자치령 푸에르토리코를 강타해 많은 인명 피해를 냈다. 허리케인 하비가 발생하기 직전, 멕시코만 수온이 30도까지 올라갔다. 그런데 하비가 지나간 뒤에도 수온이 크게 떨어지지 않아 또 다른 허리케인을 불러왔다.

2018년 9월 미국 남동부를 강타한 허리케인 플로렌스는 900mm가 넘는 폭우를 동반했다. 이어 10월에는 무려 4등급 위력의 허리케인 마이클이 플로리다를 강타했다. 마이클은 상륙 당시 무려 시속 250㎞의 강풍을 뿜어내 막대한 피해를 냈다.

● 대형 산불이 지구를 더 뜨겁게 한다

미국에서는 2018년 한 해에만 4만 6천 건의 산불이 일어나 엄청난 면적의 숲을 잿더미로 만들었다. 2018년 11월에 캘리포니아에서 일어난 대형 산불은 방대한 면적의 숲과 주거지를 불태워 많은 희생자를 냈다. 그런데 2019년에도 다시 대형 산불이 캘리포니아를 휩쓸었다. 호주에서는 2018년 말에 시작된 산불이 2019년까지 이어져 6개월 동안 계속되면서 우리나라보다 넓은 면적의 숲을 잿더미로 만들었다. 2018년에는 그리스에서 대형 산불이 일어나 91명이 넘는 사망자가 나오고 2천 가구가 피해를 보았다.

최근 들어 '지구의 허파'로 불리는 아마존 열대우림에서부터 인도네시아, 시베리아와 그린란드, 알래스카 등 극지방에서까지 대형 산불이 일어나고 있다. 농경지를 확대하려고 숲을 불태우는 관행이 원인인 경

지구온난화를 강화하는 양의 되먹임

과학자들은 어느 순간을 넘어서면 지구온난화가 저절로 진행되기 시작해서 인간이 아무리 노력해도 온난화의 진행을 막을 수 없게 된다고 경고한다. 기후 되먹임의 파급력 때문이다. 되먹임feedback이란 어떤 변화가 시작되는 경우 그 변화의 영향으로 일어난 또 다른 변화가 애초에 일어난 변화를 더욱 증폭시키거나 축소시키는 것을 말한다. 변화를 증폭시키는 과정을 양(+)의 되먹임, 축소시키는 과정을 음(-)의 되먹임이라고 한다.

지구 온도 상승폭이 2도를 넘어서면, 양의 되먹임에 의해 지구온난화가 저절로 진행되기 때문에 인간의 힘으로는 온난화를 막을 수 없게 될 것이라고 과학자들은 예측한다. 인간이 더 이상 온실가스를 배출하지 않아도, 지구 기후 자체의 작용에 의해서 온난화가 가속화되는 악순환의 늪에 빠지게 된다. 다음은 지구 온난화를 강화하는 양의 되먹임의 대표적인 사례다.

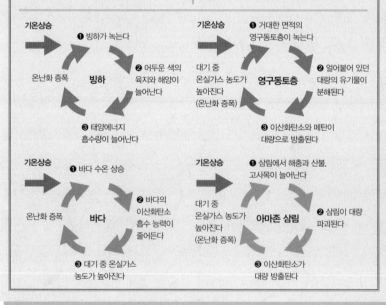

기온상승
❶ 빙하가 녹는다
❷ 어두운 색의 육지와 해양이 늘어난다
빙하
❸ 태양에너지 흡수량이 늘어난다
온난화 증폭

기온상승
❶ 거대한 면적의 영구동토층이 녹는다
❷ 얼어붙어 있던 대량의 유기물이 분해된다
영구동토층
❸ 이산화탄소와 메탄이 대량으로 방출된다
대기 중 온실가스 농도가 높아진다 (온난화 증폭)

기온상승
❶ 바다 수온 상승
❷ 바다의 이산화탄소 흡수 능력이 줄어든다
바다
❸ 대기 중 온실가스 농도가 높아진다
온난화 증폭

기온상승
❶ 삼림에서 해충과 산불, 고사목이 늘어난다
❷ 삼림이 대량 파괴된다
아마존 삼림
❸ 이산화탄소가 대량 방출된다
대기 중 온실가스 농도가 높아진다 (온난화 증폭)

우도 있지만, 지구온난화의 영향으로 숲이 더 덥고 더 건조해져 벼락에 의한 자연발화 역시 잦아지고 있다.

잦은 대형 산불은 지구온난화를 더욱 재촉한다. 숲이 불타면서 대량의 이산화탄소가 뿜어 나오기 때문이다. 기후변화로 인해 산불이 잦아지고, 잦아진 산불로 기후변화가 가속화되는 악순환이 이어질 것이다.

우리나라 역시 산불 안전 지역이 아니다. 겨울철 적설량 및 봄철 강수량의 감소, 여름철의 고온 지속 현상으로 봄철과 가을철에 건조한 환경이 조성되어 산불 발생 위험이 커지고 있다. 2019년 봄에 강원도 고성에서 발생한 산불은 강풍을 타고 8시간여 만에 고성과 속초의 건조한 산림을 휩쓸어 서울 여의도보다 훨씬 넓은 면적의 산림을 숯 더미로 만들었다.

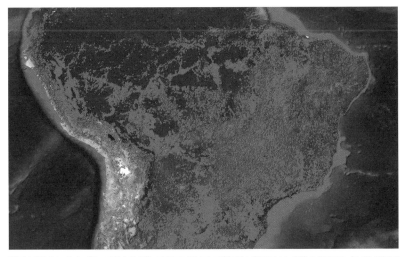

빨간 점은 2019년 7월 14일부터 8월 13일까지 남미 대륙에서 화재가 난 곳을 나타낸다. 이 해 초부터 8월까지 아마존을 포함해 브라질에서는 7만 6천 건의 화재가 발생했다. 작년에는 4만 건이었다. 대부분 농사나 사업을 하려는 사람들의 의도적인 방화에서 시작된 불이 걷잡을 수 없이 퍼져나간 결과다. (출처 Global Forest Watch Fires)

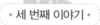

기후위기가
인류 멸종을 불러올 수도

#가뭄 #폭염 #산악 빙하 #문명의 종말
#식량위기 #아열대 기후

산업화 이후로 대기 중 이산화탄소 농도가 빠른 속도로 치솟았다. 같은 기간에 지구 평균 온도 역시 가파르게 상승했다. 지구가 점점 뜨거워지면서 바다가 갈수록 뜨거워지고 북극 기온이 올라가 얼음이 녹고 열대 폭풍이 강해지고 폭염과 가뭄이 심해지고 있다. 인간 활동의 결과 인류와 생태계는 재앙에 가까운 위기를 맞고 있다.

● 가뭄과 폭염, 지구인의 식량이 위험하다

기후변화로 가뭄과 폭염이 잦아지고 심해지면 식량 생산에 차질이 생긴다. 물이 부족해져 식물이 제대로 자라지 못할 뿐 아니라 기온이 오르면서 질병을 옮기는 바이러스와 박테리아, 곤충이 빠르게 번식해 식물에 피해를 준다. 곡물 수확량이 크게 줄어들면 끔찍한 식량 위기가 닥칠 가능성이 크다.

기온이 상승하면 산악 빙하의 양이 줄어든다. 그 영향으로 파키스탄, 중국 서부, 중앙아시아가 이미 물 부족에 시달리고 있다. 남아메리카 안데스산맥 빙하도 줄어들어 페루, 에콰도르, 볼리비아 등이 영향을 받고 있다.

만년설로 유명했던 아프리카 킬리만자로는 이제는 겨울에도 거의 눈이 쌓이지 않는다. 봄이 되어도 녹아내릴 눈이 없는 탓에, 아프리카 동부 적도 지방 사람들은 물 부족에 허덕인다.

세계자원연구소에 따르면, 2050년 세계 식량 수요는 2006년보다 약

70퍼센트 늘어날 것으로 예측된다. 인구 증가 속도보다 훨씬 빠른 증가 속도다. 이런 상황에서 기후변화로 인해 폭염 또는 냉해, 가뭄 등이 잦아져 식량 생산이 줄어들면 전 세계로 심각한 충격이 퍼져나갈 것이다.

전문가들은 지구 평균기온이 2도 이상 상승하면 약 2억 명이 식량 부족을 겪고, 4도가량 상승하면 10억 명이 위험한 상태에 처할 수 있다고 예측한다.

기·후·리·포·트 ❻

가뭄이 분쟁과 내전을 부추긴다

몇 년 전 바닷물이 자박대는 모래사장에 자는 듯이 엎드려 있는 아기의 사진이 전 세계인의 마음을 아리게 했다. 이 아이는 내전의 공포에서 벗어나기 위해 시리아를 탈출하는 부모 품에 안겨 그리스로 향하는 배를 탔다가

목숨을 잃은 '아일란 쿠르디'다. 이 아이를 죽음으로 몰아넣은 시리아 내전은 가뭄에서 시작된 것이다

시리아에서는 2006년부터 2011년까지 극심한 가뭄이 이어졌다. 물 부족이 만성적으로 이어져 지하수도 이미 바닥이 난 상황에서 최악의 가뭄이 닥치자 농지가 완전히 말라붙었다. 생계가 막막해진 많은 사람이 도시로 몰려들었다. 식량 가격이 폭등하고 실업과 혼란이 이어지면서 정부에 대한 반감이 치솟았다. 다라·다마스쿠스·하마·알레포 곳곳에서 반정부 시위가 벌어졌고, 정부군, 반군, 극단주의 세력이 부딪히면서 내전이 일어났다. 2011년부터 8년 넘게 이어진 내전으로 33만여 명이 사망했다. 그리고 560만 명이 시리아에서 빠져나와 터키, 레바논, 요르단 등지로 흩어지면서 국가 간 갈등으로까지 번지고 있다.

소말리아에서는 2011년에 끔찍한 가뭄 때문에 20만 명이 사망하고 146만 명이 집을 떠나야 하는 참극이 벌어졌다. 지금도 이곳에서는 계속되는 가뭄 때문에 현재 인구의 40%에 달하는 500만 명이 식량 부족을 겪고 있다. 아프리카 사하라 사막 남쪽 지역에서 긴급히 식량과 생계 지원을 받아야 하는 사람은 무려 710만 명에 달한다. 영양실조에 걸릴 위험에 처한 아이들만 꼽아도 무려 160만 명이다.

아프리카 내륙 한가운데에 있는 차드호 주변에는 오래전부터 많은 사람이 모여 살아왔다. 그런데 차드호 주변 인구는 50년 사이에 3천만 명에서 두 배로 늘어났다. 같은 기간에 차드호 면적은 90% 넘게 줄었다. 호숫물이 거의 바닥이 날 지경이 되면서, 농사와 고기잡이를 하며 살아온 수많은 사람이 생계에 타격을 입었다. 극심한 실업과 가난에 시달리는 수많은 사람의 절망감을 이용해 무장 조직이 힘을 늘려가면서 이곳에서는 분쟁과 혼란이 독버섯처럼 퍼져가고 있다.

● 문명의 종말

이처럼 대규모의 물 부족, 식량 부족, 거주지 부족 사태는 복잡하고 급격한 연쇄 반응을 일으킨다. 어느 한 곳에서 물과 식량과 거주지가 부족해지면 대량 이주 사태가 일어날 수 있다. 예컨대 아프리카에서 유럽으로, 방글라데시에서 중국으로 수백만, 수천만 명이 이동하는 일이 벌어질지도 모른다.

기후위기의 피해에서 빗겨 난 덕분에 비교적 안정을 유지해오던 경제 대국들 역시 심각한 문제에 휩싸인다. 만일 이들 국가가 국경을 넘어오려는 난민을 막기 위해 방어벽을 세운다면, 필사적으로 방어벽을 넘으려는 난민들과의 충돌은 불가피할 것이다.

또한 호수 혹은 강을 함께 써오던 나라들 사이에 서로 자원을 더 많이 차지하기 위한 분쟁이 일어난다. 이미 인종이나 종교 등의 갈등이 있다면 분쟁은 훨씬 격화될 수도 있다. 기후위기로 인한 분쟁에 핵탄두와 화학무기까지 동원된다면 인류 문명 자체가 무너질지도 모른다.

● 우리나라는 어떻게 변할까

우리나라도 예외는 아니다. 만에 하나 전 세계인이 적절히 대응하여 기후변화가 완만하게 진행되더라도, 한반도 평균기온은 꾸준히 상승하

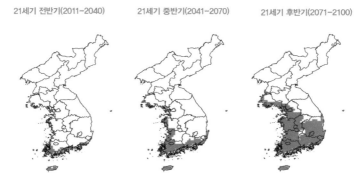

인류가 온실가스를 줄이지 못하고 지금 추세대로 계속 배출한다면 금세기 안에 한반도의 대부분이 아열대 기후가 될 것이다. (출처 기상청(2012))

리라고 과학자들은 예측한다. 국립기상과학원이 2020년에 발간한 보고서에 따르면 21세기 하반기(2081~2100년)에는 한반도 평균 기온이 지금보다 2.6~7.0도 오를 것으로 예상한다. 2.6도와 7.0도라면 무려 4도 넘게 차이가 나는데, 이것도 예측이냐고 의문을 품을 수 있다. 그러나 이것은 과학자들이 여러 가지 상황을 가정하여 예측한 값이다.

우리가 탄소 배출을 줄이지 않고 탄소 대량 배출을 계속할 때, 21세기 말에 한반도 기온은 무려 7도나 상승한다. 반면에 우리가 탄소 배출을 크게 줄여가면 한반도 기온은 2.6도 상승에 그칠 수 있다는 이야기다. 지금 한반도 평균 기온(1995~2014년 평균)은 11.2도인데 여기서 7도가 상승하면 18.2도, 2.6도가 상승하면 13.8도가 되리란 이야기다.

탄소 배출을 크게 줄이느냐 아무런 대처도 하지 않고 해오던 대로 탄소 배출을 하느냐, 둘 중 어떤 경로를 택하느냐에 따라, 가까운 미래는 물론이고 먼 미래의 우리 삶이 달라진다. 그림에서 보듯이 우리가 제대

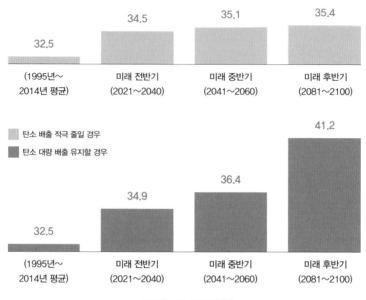

34.5　　　　35.1　　　　35.4

32.5

(1995년~
2014년 평균)　　미래 전반기
(2021~2040)　　미래 중반기
(2041~2060)　　미래 후반기
(2081~2100)

　탄소 배출 적극 줄일 경우
　탄소 대량 배출 유지할 경우

41.2

36.4

34.9

32.5

(1995년~
2014년 평균)　　미래 전반기
(2021~2040)　　미래 중반기
(2041~2060)　　미래 후반기
(2081~2100)

한반도 예상 최고기온(℃)

로 행동하지 않을 경우, 우리는 20년 후에는 여름이면 36도의 최고 기온에, 21세기 후반기에는 41도의 극한 최고 기온에 시달릴 것이고, 그밖에도 여러 가지 극한 기후 현상을 겪게 될 것이다.

● 기후 재앙의 파급력은 일파만파로

여름 기온만 올라가는 것으로 끝나지 않는다. 한반도에는 상상할 수 없는 폭염, 열대야와 혹한이 번갈아 닥치고, 폭풍, 가뭄 등의 기상 이변

이 자주 발생한다. 많은 사람이 온열질환 때문에 앓아눕거나 사망하며, 또 많은 사람이 심각한 대기오염 때문에 호흡기 관련 질병을 앓다 때 이른 죽음을 맞이한다.

바다 온도도 올라간다. 해수면이 상승하면서 해안 저지대가 물에 잠기고 갯벌은 줄어든다. 식물 플랑크톤 등 해양생태계의 먹이사슬이 무너져 천혜의 양식인 어패류가 식탁에서 사라진다.

잦은 산불로 산림이 파괴되고, 지속적인 폭염과 가뭄 때문에 논밭에서는 작물이 말라붙고, 축사에서는 소, 돼지, 닭이 병들어 죽고, 양식장에서는 어패류 폐사가 속출한다. 태풍과 집중호우 때문에 산사태가 일어나 도로와 제방, 다리를 무너뜨리고 주거지와 농경지를 덮친다.

쌀을 제외하면, 현재 우리나라 식량 자급률은 10%에 못 미친다. 곡물 대부분을 수입해서 먹는데, 옥수수와 밀은 99% 수입한다. 기후변화로 인한 세계적인 식량 위기로 세계 곡물 시장이 휘청거리면 그 파급력은 지구촌 모든 나라의 경제와 사회로 번질 것이다.

경제력과 군사력을 가진 나라들은 온실가스 감축의 약속을 저버리고 갖은 수단을 총동원해서 자국의 이익을 지키려고 할 것이다. 그 결과 식량과 자원 대부분을 외국에 의존하고 수출로 경제를 지탱해온 우리나라에서는 식량 위기를 넘어 경제위기와 사회적 혼란이 일어날지도 모른다.

석유와 석탄,
황금알인가 악마의 돌인가

기업이나 정치인 등 일부 사람들은 분명히 알고 있습니다. 자신들이 계속해서 억만금의 돈벌이를 위해서 귀중한 가치들을 희생시키고 있다는 것을요. 저는 이런 기업들과 정치인들에게 도전하고자 합니다. 과감하고 실질적인 기후행동에 동참하십시오. 자신의 이익을 위한 경제적 목표를 밀쳐두고 인류가 앞으로 살아갈 환경을 지키는 일에 동참하십시오.

— 그레타 툰베리, 2019년 1월 22일 다보스 세계경제포럼에 대해 이의를
   제기하는 연설 중에서

지구에서 캐낸 황금알, 화석연료

#화석연료 #증기기관 #산업혁명 #내연기관
#식민지쟁탈 전쟁 #호모 오일리쿠스 #황금알 석유 #석유산업

지구 대기 중 온실가스 농도가 급증하고 지구가 갈수록 뜨거워지는 것은 인간의 활동 때문이다. 인간은 석탄, 천연가스, 석유 등 화석연료를 캐내 태운 덕분에 많은 에너지를 얻을 수 있었다. 화석연료가 여러 가지 오염물질을 내뿜는다는 걸 알게 된 후에도, 인간은 마구잡이로 지구를 파헤쳐 갈수록 더 많은 양의 화석연료를 캐내 태워대고 있다.

● 화석연료 = 강력한 에너지원

인류는 오랜 세월 식물 열매와 뿌리를 채취하거나 동물을 사냥해 먹으며 에너지를 얻고, 따뜻한 햇볕으로 몸을 데우며 살았다. 그러다 불을 일으키거나 통제하는 능력을 갖추게 되면서부터는 다른 동물들과는 전혀 차원이 다른 길로 접어들었다. 사나운 짐승을 물리칠 때도, 혹독한 추위를 쫓을 때도 불을 썼다. 음식을 익혀 먹은 덕에 더 많은 열량을 섭취할 수 있었고, 불을 이용해 여러 가지 도구와 무기도 만들어냈다.

인간은 햇빛과 물과 바람이 가진 강한 힘을 이용하는 법도 터득했다. 물레방아와 풍차를 이용해 곡식을 빻고, 씨앗에서 기름을 짜고, 불을 써서 금속제 도구, 무기와 장신구를 만드는 등, 인간 활동의 폭은 점점 넓어져 갔다. 인간이나 동물의 근육만으로는 결코 해낼 수 없는 일을 해낼 수 있게 되었다. 덕분에 의식주 등의 생활조건이 좋아졌고 인구가 빠르게 늘어났다. 그러면서 점점 더 많은 에너지가 필요해졌다. 결국, 인간의 생활을 지탱하기 위해 무성한 숲들이 차례차례 헐려서 불구덩이로 던져졌다.

● 증기기관의 발명과 석탄의 위세

　검은 돌(석탄)이 불에 탄다는 사실은 일찍부터 알려져 있었다. 연료로
쓸 나무를 구하기가 어려워지자, 나무 대신에 석탄이 중요한 에너지원
의 자리를 차지하게 되었다. 사람들은 지표에 드러난 석탄층에서부터
석탄을 파냈고, 노천 탄광이 바닥을 드러내자 땅속 수백 미터까지 굴을
파서 석탄을 캐냈다.

　1600년대 말 영국에서는 석탄 수요가 빠르게 늘어갔고, 석탄은 캐내
기만 하면 날개 달린 듯 팔려나갔다. 그런데 반갑지 않은 장애물이 나타
났다. 땅속 깊이 파놓은 갱 안에 물이 들어차 채굴이 어려워진 것이다.
몇몇 사람들이 갱에 고인 물을 퍼내는 기계를 만들기 위해 머리를 짜내
기 시작했다. 마침내 토머스 뉴커먼이란 사람이 수증기의 힘을 이용하
는 증기기관을 만들어냈다. 증기기관의 탄생에는 석탄이 풍부한 영국의
환경이 큰 몫을 했다.
석탄은 증기기관 출
현의 일등공신이었으
며, 증기기관은 석탄
수요를 폭발적으로
끌어올렸다.

산업혁명의 핵심 연료, 석탄

● 산업혁명에 동력을 제공한 석탄

1774년 제임스 와트는 뉴커먼 증기기관을 토대로 연료를 적게 쓰면서 더 큰 힘을 내는 증기기관을 만들어냈다. 그 뒤로 증기기관 기술이 빠르게 발전했고, 탄광은 물론이고 면직물 공장에까지 증기기관이 퍼져 나갔다.

면직물 공장들은 오랫동안 물레방아의 힘을 빌려왔지만, 증기기관이 보급되면서 석탄과 증기기관을 이용해 기계를 돌릴 수 있게 되었다. 면직물 산업에서 일어난 기술혁신은 다른 산업들로 확대되었고 유럽 대륙 전역에 산업혁명의 물결을 일으켰다.

석탄과 증기기관은 운송 분야의 급격한 변화를 가져왔다. 석탄 수요가 폭발적으로 늘어나면서 석탄을 탄광에서 시장까지, 다시 소비지까지 실어 나를 운송 수단이 절실히 필요해졌다. 1814년에 조지 스티븐슨이 증기기관을 이용한 차량을 개발했고, 1840년대에는 여러 나라가 경쟁을 벌이듯 증기기관차가 달릴 철도를 건설하는 일에 박차를 가했다.

증기기관 덕분에 사람들은 더 많은 석탄을 캐내고 더 많은 기계를 더 빨리 돌리고 더 많은 배와 기차를 더 빨리 움직일 수 있게 되었다. 1900년 무렵 영국과 미국에서 소비되는 에너지의 3분의 2가 증기기관에서 나왔다. 증기기관을 이용한 열차와 선박이 국경을 넘어 중요한 산업 지역으로 석탄과 원료, 기계, 그리고 사람을 실어 날랐다.

그레타 툰베리와 함께하는 기후행동

● 식민 통치를 지탱했던 황금알

영국에서 시작된 변화는 미국과 유럽 여러 나라로 퍼져 나갔다. 이 나라들은 석탄과 기차, 증기선을 이용해 아시아와 아프리카로 인력과 물자를 보내 식민지를 확보했다. 식민지에서 헐값에 뽑아낸 자원과 인력을 바탕으로 자국의 경제를 번영시켰다. 지구생태계와 조화를 이루며 살아오던 아시아와 아프리카의 많은 지역은 미국과 유럽 각국의 식민지가 되어 고통을 겪었다.

영국은 1600년에 질 좋은 목화의 생산지이자 고급 면직물 생산지였던 인도를 차지했고, 증기기관을 쓰는 영국산 방적기에 인도산 목화를 원료로 해서 저렴한 비용으로 면직물을 만들 수 있었다. 결국, 인도 사람들이 물레로 실을 뽑아 전통적인 방식으로 생산한 품질 좋은 면직물이 값싼 영국산 면직물에 밀려나면서, 많은 인도 사람들이 자립에 필요한 일자리를 잃고 가난에 허덕이게 되었다.

이처럼 석탄은 식민지 약탈에 나선 이들에게는 군사력을 강화하고 식민 통치를 지탱하는 황금알이었다. 반면 식민 통치를 받는 국가에서 석탄은 공동체적 삶을 파탄 내고, 생명의 에너지를 앗아가는 악마의 돌이었다.

그런데 1900년 무렵 증기기관의 에너지 효율은 대단히 낮았다. 석탄을 태워 수증기를 만들 때도 많은 열이 새나갔고, 그 수증기로 증기기관을 돌릴 때도 많은 열이 새나갔다. 석탄을 태울 때 나오는 에너지 가운데 90%는 허공으로 날아가고 10%만이 실제로 기계를 움직이는 데 쓰였다.

● 내연기관 발명과 석유

　많은 사람이 증기기관보다 부피가 더 작고 무게가 더 가벼우면서도 더 많은 에너지를 내는 기관을 만드는 일에 뛰어들었다. 1870년대에 니콜라우스 아우구스트 오토는 증기기관보다 부피도 작고 가벼우며 에너지 효율이 높고 강력한 힘을 내는 내연기관을 발명했다.

　증기기관차의 보급이 석탄 수요를 끌어 올린 것처럼, 내연기관 자동차의 보급은 석유 수요를 폭발적으로 끌어올렸다. 포드 자동차 회사는 컨베이어벨트를 이용한 조립식 생산 체제를 갖추고 자동차 대량 생산에 돌입했다. 대량 생산 체제 덕분에 제작비용이 낮아지면서 자동차는 상류층의 울타리를 넘어 중산층 가정에까지 날개 돋친 듯 팔려나갔다.

조립식 생산체계를 갖춘 자동차 공장

자동차의 보급은 자동차 도로, 정유 공장, 소비자용 주유시설의 증설을 이끌었고, 자동차가 늘어남에 따라 석유 수요도 폭발적으로 늘어났다.

석유는 운송 부문에서 대량으로 소비되고 있다. 현재 세계 석유 수요의 65%가 운송용으로 쓰이고 있다. 디젤유와 휘발유는 자동차와 선박을 움직이는 데 쓰이고, 제트유는 항공 연료로 쓰인다.

내연기관 연료와 공기 등의 산화제를 연소실 내부에서 연소시켜 에너지를 얻는 기관. 내연기관은 석탄보다 에너지 효율이 좋고, 운반하기 쉬운 디젤유나 휘발유를 연료로 사용한다. 부피가 작고 효율이 높아 자동차를 작은 크기로 제작할 수 있다. 내연기관 자동차는 증기기관 기차보다 크기가 작고 가벼우며, 철도가 놓이지 않은 길도 달릴 수 있다. 개발 초기에는 제작비용이 워낙 높아 부자들만 타는 사치품이었다.

● 2차 대전의 승패를 가른 석유

인간은 화석연료와 기계 덕분에 사람의 다리로 이동하는 것보다 훨씬 빨리 이동하고, 사람이 질 수 있는 것보다 무거운 짐을 훨씬 많이 나르고, 삽을 이용해서 땅을 파는 것보다 더 깊게 땅을 갈아엎을 수 있게 되었다. 다른 한편, 새로운 연료와 기술의 발달은 매우 나쁜 방향으로도 큰 힘을 발휘했다. 즉, 몽둥이나 화살을 쓰던 때보다 더 많은 사람을, 더 빨리 죽일 수 있게 된 것이다.

석유는 20세기에 열강들이 벌인 식민지 쟁탈 전쟁에서도 일등 공신

노릇을 했다. 석유에서 동력을 얻는 탱크와 전투기, 전함이 땅과 하늘과 바다를 누볐고, 석유 보급에 성공하느냐 마느냐가 전쟁의 승패를 갈랐다. 2차 대전 당시에는 태평양의 작은 섬들이 미국과 일본이 맞붙는 격전지가 되었다. 전함이 섬으로 군인과 무기를 실어 나르고, 섬에 폭탄을 떨어뜨리면서 수많은 군인과 애꿎은 주민들이 희생당했다.

석유는 이권을 차지하기 위해 전쟁을 벌인 이들에게는 황금알이었지만, 희생자들에게는 평화로운 삶을 무너뜨리고 생명을 앗아가는 폭탄이었다.

● 석유기업을 먹여 살리는 수억 대의 자동차

세계 대전이 끝난 직후부터 선진공업국들에서는 자동차가 널리 보급되기 시작했다. 자동차 수요와 석유 수요는 서로 맞물리며 놀라운 속도로 증가했다. 자동차가 늘어나고 자동차가 달릴 도로가 늘어나고 자동차로 출퇴근이 가능한 거리까지 도시가 확대되었다.

이 모든 과정에 막대한 석유가 투입되었다. 세계 석유 소비량은 빠르게 늘어났고, 현대 인류는 〈호모 오일리쿠스〉라는 별명까지 얻었다.

세계 전역을 달리고 있는 수억 대의 자동차들은 석유 기업들을 먹여 살려온 원천이다. 따라서 석유를 연료로 쓰는 자동차 문명이 계속 유지되느냐 마느냐가 이들 기업에는 기업의 미래를 좌우하는 관건이다. 따라서 이들로서는 자동차 사용을 줄이도록 유도하기 위해 휘발유나 경유

이라크 사막에서 석유를 뽑아올리는 설비들

에 높은 세금을 매기는 정책이 반갑지 않고, 석유를 쓰지 않는 대중교통 체계를 확대하려는 정부 정책도 반갑지 않다. 더구나 석유 기업들은 까다로운 환경 관련 법규를 내세워서 '캐내기만 하면 돈이 되는 황금알 석유'를 땅속에 묻어두라고 단속하는 정부 정책도 못마땅하다.

미국의 오바마 정부 때는 온실가스와 오염을 줄이기 위해 각종 환경 법규를 마련한 탓에 석유업계의 반발이 컸다. 그런데 트럼프 대통령은 취임 직후부터 마치 기다렸다는 듯이 이전 정부가 마련한 여러 환경 법규들을 폐지하는 일을 진행하고 있다. 트럼프 대통령의 막후에 거대 석유 기업들이 포진하고 있다는 이야기에 많은 사람이 공감하는 것은 이 때문이다.

화석연료는
어떻게 지구를 망쳐놓았나

#화석연료 #셰일오일 #셰일가스 #타르샌드 #환경오염
#북극해 유전개발 #석유시추선 폭발사고 #해양생태계

화석연료를 토대로 이루어진 공업화 속에 도시에는 하늘을 찌르는 고층 건물이 세워지고 하늘로도, 땅 속으로도 길이 뚫려 각종 교통수단이 화석연료를 태우며 사람과 물건을 대량으로 실어 날랐다. 그 사이에 화석연료에 갇혀 있던 오염물질은 땅과 물, 대기로 퍼져나가 인간은 물론 생태계에 나쁜 영향을 미쳤다.

● 화석연료로 인한 희생

요즘 사람들 대다수는 지구생태계의 건강한 보전이 인간의 건강한 생존을 위한 필수 전제라는 것을 잊고 지낸다. 수많은 생물 종이 멸종 위기를 맞고 있다는 이야기에도 사람들 대부분은 눈도 깜짝하지 않는다. 인공물로 가득 찬 도시 공간에서 흙 한 톨 묻지 않은 곡물과 채소, 깔끔하게 가공된 육류를 먹으며 살다 보니 생태계라는 말을 떠올릴 일이 없다.

이처럼 쾌적한 생활을 누릴 수 있는 것은 대량의 에너지를 공급해주는 화석연료 덕분이라고 사람들은 생각한다. 이런 엄청난 혜택과 비교하면, 화석연료가 생태계에 미치는 부정적인 충격(대기오염, 환경오염 등)은 극히 미미한 것이라 충분히 눈감아 줄 수 있다고도 생각한다.

과연 그럴까? 화석연료에서 나오는 오염물질이 생태계에 미치는 부정적인 충격쯤은 무시해도 되는 것일까? 절대 그렇지 않다. 지구생태계에 미치는 환경과 인간 생존에 미치는 충격은 결코 동떨어진 것이 아니다. 인간의 생존은 지구생태계에 전적으로 의존하고 있다.

● 화석연료, 오염물질 종합세트

　땅속에 있는 화석연료는 일종의 스펀지다. 수만 년 전 동식물 조직에서 나온 탄소뿐 아니라 지하수에 녹아 있는 우라늄, 카드뮴, 수은 등 독성 물질을 흡수해 저장하고 있다. 화석연료 자체는 해로운 것이 아니다. 땅속에 그대로 묻혀 있는 한, 독성 물질을 지하에 가둬두기 때문이다. 그러나 채굴되어 지상으로 나오는 순간부터 화석연료는 지구생태계의 골칫덩어리가 된다. 화석연료에 갇혀 있던 독성 물질들이 풀려나오기 때문이다.

　석탄에서 녹아 나온 수은 등의 중금속이 강으로 바다로 흘러 들어간다. 그리고 크릴과 플랑크톤에 흡수된 뒤 먹이사슬을 타고 물고기 몸으로 이동하고 다시 우리 몸으로 들어온다. 또 석탄과 석유를 채굴, 정제, 연소할 때 나오는 일산화탄소, 일산화질소, 그리고 여러 가지 탄화수소 화합물과 미세 입자는 대기로 들어가 호흡을 통해 인간 몸으로 들어오고, 생태계에도 해를 입힌다.

　석탄 채굴은 산림을 훼손하고 경관을 해칠 뿐 아

세일오일과 세일가스를 채취하는 수압파쇄법은 환경을 오염시키고 지반에 충격을 줘 지진을 일으키기도 한다.

니라, 지반을 약화해 산사태를 일으키기도 한다. 채굴과정에서 버려진 많은 폐석과 균열이 생긴 암석층에 빗물이 스며들면, 그 속에 든 비소, 카드뮴, 구리, 납 등의 중금속이 녹아 나와 인근의 땅과 시내, 지하수를 오염시킨다.

셰일오일과 가스 채취 유전에서 암석층에 물과 함께 주입된 화학약품은 지하수와 토양에 스며들어 환경을 오염시키고, 강력한 고압의 물줄기는 지반에 충격을 줘 지진을 일으키기도 한다. 일반 원유와 가스를 채굴하는 전통적인 방식보다 에너지를 더 많이 사용하는 탓에 온실가스를 더 많이 배출한다.

타르샌드 오일 역시 채굴하고 정제하는 과정만을 따져도 일반 원유를

셰일오일, 셰일가스 지표면 가까이로 이동하지 못하고 셰일층에 갇혀 있는 석유와 가스. 전통적인 방법으로는 캐낼 수 없어 수압파쇄법이 개발되었다. 석유와 가스를 품고 있는 암석층에 화학약품을 섞은 물과 모래를 높은 압력으로 쏘아 넣어 석유와 가스를 뽑아내는 방법이다.

타르샌드 반쯤 고체 상태로 굳어진 원유(역청 또는 타르)가 모래, 진흙 등과 섞여 있는 물질. 이 역청을 분리해 가공하면 석유를 얻을 수 있다. 타르샌드 유전에서는 중장비를 이용해 지표면 가까이 있는 타르샌드를 떠내 추출 공장으로 옮긴 다음 뜨거운 물에 넣어 휘저으면서 녹아나오는 역청을 따로 걷어 내거나, 깊은 땅속에 묻혀 있는 타르샌드 층에 관을 박아 뜨거운 증기를 주입해 모래와 진흙에 붙어 있던 역청을 녹인 뒤 지상으로 뽑아낸다.

생산할 때보다 에너지를 훨씬 많이 쓴다. 따라서 온실가스도 서너 배 더 많이 배출한다. 타르샌드 오일은 연료로 쓰일 때도 온실가스를 훨씬 더 많이 배출한다.

● 대기오염 = 침묵의 살인자

  1952년 런던에서는 스모그가 발생해 1만 명이 넘는 희생자가 발생했다. 런던 주택가와 공장에서 태운 석탄과 자동차가 배출한 물질이 살인 스모그의 원천이었다. 매연 속에 포함된 황산화물이 짙은 안개와 합쳐져 강한 산성의 안개로 변했다. 한 치 앞도 보이지 않을 만큼 짙은 죽음의 안개가 닷새 동안 런던을 뒤덮었다. 몇 달 동안 어린이와 노약자 중심으로 많은 사람이 호흡기, 폐 질환을 앓다 줄줄이 죽어갔다.

  1950~60년대에 최악의 대기오염 도시로 꼽히던 런던, 뉴욕, 오사카 등 선진공업국의 대도시들에서는 요즘 공기가 눈에 띄게 깨끗해졌다. 공장과 발전소가 배출하는 유해물질을 엄격하게 단속했기 때문이다. 이 도시들의 대기 질이 향상된 데에는 오염물질 배출이 많은 제조업을 다른 지역으로 대거 옮긴 것 역시 큰 몫을 했다. 선진공업국에서는 이미 사양길에 들어선 제조업을 이제 막 경제발전을 일으키려던 중국과 동남아시아의 여러 나라가 넘겨받았다. 그 결과 이들 나라는 심각한 환경오염까지 떠안게 되었고, 그로 인해 많은 사람들이 고통을 겪고 있다.

화석연료 사용은 물과 땅, 대기를 오염시킨다.

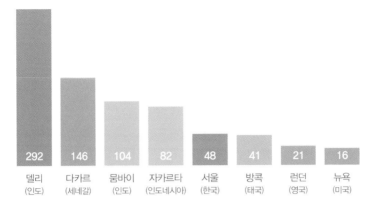

2016년 주요 도시의 부유 먼지(PM10)의 연평균 농도(μg/㎥)

● 만신창이가 된 북미의 허파

캐나다 앨버타 주 타르샌드 광산 현장은 영화 〈반지의 제왕〉에 나오는 어둠의 땅 모르도르를 연상시킨다. 에너지 회사들이 땅속에 가만히 묻혀 있던 물질들을 마구잡이로 뽑아내면서, '북미의 허파'로 불리던 앨버타 주는 황금알을 캐내는 공장으로 변모했다.

개발 전까지만 해도, 캐나다 앨버타 주에는 수천 년에 걸쳐 형성된 거대한 아한대 산림지대가 펼쳐져 있었다. 그런데 이곳에 묻혀 있는 엄청난 양의 타르샌드에서 원유를 뽑아내는 기술이 개발되면서 상황이 급변했다. 지금은 애서배스커 강을 따라 타르샌드 채굴장이 줄줄이 들어서 있다. 캐나다 전체에서 생산되는 원유 중 3분의 1이 이곳에서 생산된다.

타르샌드를 탐사하고 채굴한 뒤 버려진 땅

타르샌드 산업은 엄청나게 많은 물을 쓴다. 모래와 진흙에 엉겨 붙은 타르를 물과 화학약품을 이용해 떼어내는데, 타르 1배럴을 얻는 데 쓰이는 물이 약 5~10배럴에 달한다. 쓰고 난 물은 타르 찌꺼기와 비소와 수은, 화학약품 등 오염물질 농도가 워낙 높아 자연 회복을 기대할 수 없다.

앨버타 주에는 유독성 폐수를 가두어둔 거대한 저수지들이 있는데, 인간이 만든 구조물 가운데 가장 면적이 넓은 것으로 꼽힌다. 이 저수지에서는 매년 49억 리터의 폐수가 새어 나와 생태계로 흘러든다. 이로 인해 수많은 새가 떼죽음을 당하고 순록들이 자취를 감추는 등 생태계는 돌이킬 수 없는 위험에 직면해 있다.

그레타 툰베리와 함께하는 기후행동

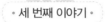

• 세 번째 이야기 •

지구가 중요할까
이윤이 중요할까?

키스턴 XL 송유관 # 북극해 유전 개발 # 북극해 항로
딥워터호라이즌 석유시추선 폭발 사고
태안 기름 유출 사고 # 정부의 에너지 산업 지원

셸, BP, 엑손모빌 등 백여 년의 역사를 가지고 있는 다국적 석유업체들은 석유의 탐사, 채굴에서부터 송유관, 유조선, 정제, 판매, 석유화학 등에까지 손을 뻗고 있다. 또한 막대한 자금력과 경제적 위상을 이용해 국제적으로 정치, 문화, 금융, 사회 등 다양한 부문에 영향력을 행사하고 있다.

● 황금알을 실어 나를 송유관

캐나다 앨버타 주 키스턴에서 미국 휴스턴 주 멕시코만까지는 거대한 송유관이 뻗어있다. 앨버타 타르샌드 광산에서 생산하고 정제한 원유를 멕시코만까지 운송하는 이 송유관의 총 길이는 3,000여 ㎞다. 에너지 회사는 화물트럭을 이용하는 것보다 송유관을 이용해 원유를 옮기는 것이 훨씬 경제적이다.

설상가상으로 최근에는 이 송유관을 연장하는 키스턴 XL 송유관 사업 계획이 세워졌다. 이 계획은 캐나다 영토를 우회하던 'ㄱ'자 모양의 기존 구간을 직선으로 연결해 일일 수송량 80만 배럴의 송유관을 건설하겠다는 내용이다. 더구나 이 송유관은 오갈 랄라 대수층 위쪽 넓은 지역을 가로

북미에 설치된 연료 수송관의 총 길이 북미에는 채굴된 원유와 천연가스, 가공된 석유와 액화천연가스 등을 수송하는 도관이 엄청난 규모로 설치되어 있다. 현재 북미에는 설치된 연료 수송관의 총길이는 815,629 ㎞. 지구 둘레 4만㎞의 20배에 이르는 길이다. 세계 연료 수송관의 거의 절반이 북미에 집중되어 있다.

그레타 툰베리와 함께하는 기후행동

지를 예정이다.

오갈랄라 대수층은 미국 중부 평원 지대에 있는 8개 주의 생태계를 지탱하는 거대한 지하수층이다. 타르샌드 원유는 금속을 부식시키는 성질이 강한 탓에 송유관을 부식시켜 원유가 인근 환경에 유출될 위험이 크다. 원유 유출 사고가 일어나면 오갈랄라 대수층이 오염될 수 있기에 많은 사람이 키스턴 XL 송유관 건설을 반대하고 나섰다. 반대 여론에도 불구하고 2017년 트럼프 행정부는 이 사업을 승인했다.

타르샌드 생산과 관련한 캐나다의 온실가스 배출량은 최근 십 년 사이에 세 배나 늘었고, 이 추세가 계속된다면 앞으로 십 년 후에는 지금보다 두 배 늘 것으로 예상한다.

캐나다 앨버타에 건설 중인 타르샌드 송유관

송유관 건설 중단 판결 키스턴 XL 공사 사업을 승인한 미국 정부를 상대로 몇몇 환경단체들이 소송을 제기했다. 2018년 미국 연방법원은 공사 중단 명령을 내렸다. 이 사업 계획이 온실가스 배출과 미국 원주민의 토지 자원에 미치는 영향을 제대로 평가하지 않은 점을 근거로 내린 판결이었다.

● 북극으로, 북극으로, 석유 캐러 가자

북극 지역에는 아직 채굴되지 않은 석유와 가스의 대략 22%가 매장되어 있는 것으로 알려져 있다. 미국, 캐나다, 러시아, 핀란드, 스웨덴, 노르웨이, 아이슬란드, 덴마크 등 북극권 국가 8개국을 비롯한 여러 나라는 이미 오래전에 북극 매장지에 관한 연구 · 개발에 뛰어들었다.

미국이 추진해오던 알래스카와 북극해 유전 개발은 환경오염에 대한 여론의 반대에 부딪혀 잠시 주춤해 있다. 반면에 러시아는 육상 유전에서 엄청난 양의 원유와 가스를 채취하는 한편 심해 유전, 연안 해상 유전의 개발에도 집중하고 있다. 2030년경이면 러시아는 북극에서 생산되는 석유, 가스의 총량의 절반가량을 생산하게 될 것으로 예측한다.

게다가 북극에서는 지구온난화로 인간이 접근하지 못했던 육중한 빙하가 사라지고 있다. 빙산에 막혀 있던 뱃길이 뚫리자 많은 나라가 북극 유전 개발에 더욱 열을 올리고 있다. 북극해 항로를 이용하면 아시아와 유럽, 북미 사이를 오고 가는 시간과 비

트럼프 명령, 무효로 판결 2015년 당시 미국의 오바마 대통령은 해양 오염의 위험성이 크다는 이유에서 북극해와 대서양 일부 지역에서의 유전 개발을 금지시켰다. 2017년 트럼프 대통령은 이 금지령을 폐지하고 시추를 허용하는 대통령령을 내려 화석연료 회사들에게 북극해로 가는 길을 열어주었다. 여러 환경보호단체들이 이를 막기 위해 알래스카 법원에 소송을 제기했고, 법원은 이곳에서의 시추 허용은 대통령이 결정할 수 없는 사항이라며 이 명령이 무효라고 판결했다.

그레타 툰베리와 함께하는 기후행동

용이 엄청나게 줄어들기 때문이다. 러시아나 캐나다 등 자원 부국들이 생산한 석유, 천연가스를 에너지 수요가 많은 아시아의 나라들로 보내는 일은 더 쉬워지고 더 빨라질 수 있다.

그러나 북극해 유전 개발은 지구온난화를 가속하고 생태계를 심각하게 파괴한다. 석유, 가스 채취과정에서 엄청난 양의 이산화탄소와 메탄이 발생하고, 지하수 산성화와 중금속 배출, 오존층 파괴 등 심각한 환경 오염이 발생하기 때문이다.

● 바다로 새어나간 원유 수백만 배럴, 그 행방은?

2010년 4월 20일, 세계적 석유기업 BP의 딥워터호라이즌 석유시추선

녹아내리는 북극의 빙하

딥워터호라이즌 호의 원유 유출 사고가 난 해상에서 치솟는 불길과 시커먼 연기

이 멕시코만 바다에서 폭발했다. 노동자 열한 명이 사망했고, 파손된 해저 파이프를 막지 못해 3개월 동안 매일 5만 배럴의 원유가 새어 나와 인접한 다섯 개 주 해안이 검은 기름으로 뒤덮였다. 사고 원인은 시추 기업이 작업 시 안전 대비책을 충실히 세우지 않은 데서 비롯한 것으로 밝혀졌다.

BP 석유시추선 폭발 사고로 바다로 유출된 원유는 490만 배럴로, 미국의 하루 원유 소비량(2천만 배럴)의 4분의 1에 해당한다. 그런데 이

가운데 회수하거나 불태우거나 약품처리로 없앤 기름은 120만 배럴에 불과하다. 나머지 370만 배럴은 어디로 갔을까? 과학자들은 많은 양의 원유가 멕시코만 심해에 가라앉아 오랫동안 해양생태계에 심각한 영향을 미칠 거라고 우려한다.

　사고 당시 검은 기름에 범벅이 된 생물들의 처참한 상황은 고스란히 영상으로 남아 있다. 어획량도 급감했다. 하지만 이처럼 눈에 드러나는 피해는 극히 일부에 불과하다. 유출된 기름이나 기름을 녹이기 위해 투입한 화학약품 때문에 헤아릴 수 없이 많은 생명체가 스러져갔다. 이곳의 해양생태계는 인간의 눈이나 인간의 장비로는 확인할 수 없는 극심한 피해를 보았으며 그 피해를 완전히 복원하기 어려울 정도로 훼손된 상태다.

● 화석연료 기업의 안전불감증

　석유시추선 폭발 사고는 우연히 일어난 사고가 아니냐고? 절대 그렇지 않다. 많은 화석연료 기업들이 연안 혹은 심해 시추 사업을 무리하게 밀어붙이면서 일어난 결과다. 더구나 이들은 유출 사고가 나면 대재앙으로 번질 수밖에 없다는 걸 알면서도, 안전 대비책을 충실히 마련하지 않았다.

　왜 그랬을까? 비용과 시간을 절약하기 위해서다. 이 기업들의 입장에서는 화석연료는 캐내기만 하면 날개 달린 듯 팔려나가는 황금알이다. 이들은 지구생태계가 파괴되고 인류 공동의 터전인 생태계에 의존해 사는 사람들이 피해를 보는 것에는 아무런 관심을 두지 않는다.

유출 사고가 나면 해당 기업이 책임을 지고 유출된 기름을 회수하고 여러 피해에 대해 충분히 배상하지 않느냐고? 그렇지 않다. 이들은 피해를 수습하기 위해 노력하기보다는 자신의 책임을 축소하는 데만 급급하다.

BP 석유시추선 폭발 사고의 경우에도, 미국 정부가 수백 건의 소송을 진행한 끝에야 마지못해 거액의 배상금을 토해냈다. 그러나 그들이 아무리 많은 배상금을 낸다고 해도 이미 죽어간 무수한 플랑크톤을 되살릴 방법은 없다. 플랑크톤을 기초로 연결된 바다 생태계가 입은 피해 역시 되돌릴 수 없다.

● 태안, 지워지지 않는 대학살의 흔적

우리나라 태안 앞바다에서도 심각한 기름 유출 사고가 있었다. 2007년 12월 삼성중공업의 크레인 부선이 유조선 허베이 스피리트호를 들이받으면서 원유 1만2547㎘(약 8만 배럴)가 바다로 쏟아져 나왔다. 오염이 확산되면서 충남, 전남, 전북 지역까지 생태계가 파괴되고 많은 주민이 건강을 잃고 생계를 잃었다. 당시 무려 123만 명의 국민이 자원 봉사로 나서 태안 해변에 엉겨 붙은 검은 기름을 닦아냈다.

그레타 툰베리와 함께하는 기후행동

이곳은 사고 이전의 평화를 되찾았을까? 그렇지 않다. 12년이 지난 지금도 생태계와 주민들은 고통을 겪고 있다. 피해주민이 신고한 피해금액은 4조 원이 넘지만, 법적 절차를 통해서 인정된 배상금액은 그 10분의 1에 그쳤다. 그 중 삼성의 배상 책임으로 확정된 금액은 고작 56억 원이다. 턱없이 적은 삼성의 배상금액을 두고 국민적 비난이 쏟아지자 삼성은 '발전기금' 명목으로 돈을 내놓고 이 사고에서 손을 털었다. 많은 주민이 억울하게 피해를 입고도 충분한 보상은커녕 아직까지도 평온한 일상을 되찾지 못했다.

생태계는 입이 없으니 자신이 피해를 입었다고 법정에서 증언할 수 없다. 그러나 피해를 입은 수많은 생물들이 죽어 없어진다고 해서 대학살의 흔적이 완전히 사라지는 건 아니다. 우리 눈에는 보이지 않지만, 대학살이나 다름없는 기름 유출 사고의 충격은 살아남은 생물과 그들의

태안 앞바다 허베이 스피리트호 기름 유출 사고 후 복구작업하는 모습(소방방재청)

유전자를 물려받은 후대 생물의 유전자에 새겨져 있다. 결국 그 충격은 먹이 사슬을 타고 인간에게까지 흔적을 남길 것이다.

● 정부의 지원까지 받는 황금알 산업

대규모 에너지 관련 산업은 대규모 투자뿐 아니라, 정부의 폭넓은 지원을 필요로 한다. 따라서 소수의 대규모 업체들은 경쟁에 시달리는 일 없이 오랜 기간에 걸쳐 큰 이익을 거둘 수 있다.

특히 셸, BP, 엑손모빌 등 백여 년의 역사를 가지고 있는 미국과 유럽의 석유업체들은 석유의 탐사, 채굴에서부터 송유관, 유조선, 정제, 판매, 석유화학 등에까지 손을 뻗고 있다. 또한 막대한 자금력과 경제적 위상을 이용해 국제적으로 정치, 문화, 금융, 사회 등 다양한 부문에 영향력을 행사하고 있다.

국제 사회가 기후변화 대응을 위해 온실가스 감축이 시급하다는 데 합의한 지금도, 여러 정부들은 여전히 화석연료 산업을 규제하는 일에 나서길 꺼려하거나 노골적으로 혹은 암묵적으로 화석연료 산업을 옹호하고 있다. 전임 대통령이 막아놓았던 북극해와 북대서양 연안에서의 시추를 허용하려고 했던 트럼프 대통령의 시도가 그 대표적인 예다. 여러 정부들은 화석연료 에너지 산업이 갑자기 흔들리면 경제 전반이 흔들려 자국의 경쟁력이 약해지고 결국 그 피해가 국민들에게 돌아간다는 주장을 동원해 국민들을 협박하기도 한다.

그러나 그것은 사실이 아니다. 화석연료 대량 채취와 대량 사용은 지구 생태계를 오염시키고 많은 사람들에게 희생을 강요하고 있다.

3장

부자 나라와 가난한 나라

저는 우리의 무대응이 가장 큰 위험이라고 생각하지 않습니다. 진
짜 큰 위험은 기업들과 정치인들이 실질적인 대응이 진행되고 있
는 듯이 위장하고 있다는 점입니다. 약삭빠른 수지타산과 비범한
여론 조작 말고는, 실제로 이루어진 것은 거의 없다는 점입니다.

— 그레타 툰베리, 2019년 7월 25일 프랑스 의회 연설 중에서

기후협약,
공멸을 막을 수 있을까

#기후협약 #온실가스 감축 목표
#2도 목표 #1.5도 목표

많은 나라가 수십 년 전부터 기후변화를 막기 위한 국제회의에 참석하며 여러 가지 약속을 내놓았다. 기후변화의 가속화를 막느냐 마느냐는 인류의 공멸을 막느냐 마느냐를 좌우한다. 기후위기는 21세기를 살아가는 인류에게 가장 힘겨운 시험대가 될 것이다.

● 온실가스 감축, 30여 년 전부터 내놓은 약속

이미 오래전부터 과학자들은 지구 평균기온이 유례없이 빠르게 상승하고 있고, 그 원인은 인류가 화석연료를 대량으로 태우면서 이산화탄소 등 온실가스를 대기 중에 대량으로 배출한 탓이라고 지적해 왔다. 국제 사회 역시 이미 오래전부터 과학자들의 이런 지적을 받아들이고, 지구촌이 함께 멸망하는 것을 피하고 함께 살아가기 위해서는 온실가스의 급격한 감축이 필요하다는 데 동의하고 그 방안을 논의해 왔다.

1992년에 리우환경회의에 참여한 150여 개국은 각국의 능력에 맞게 온실가스를 줄이겠다고 약속하는 내용의 유엔기후변화협약을 채택했다. 1992년이면 지금으로부터 30년 전이다. 이때 이미 세계 각국이 온실가스를 줄이기로 약속했다. 그러나 이 약속은 지켜지지 않았다. 문제는 이 협약이 각국에 온실가스 감축을 강제할 수 없다는 데에 있다. 한마디로 어떤 한 나라가 약속을 이행하지 않아도 아무런 제재를 가할 수 없었다.

1997년에 일본 교토에서 기후변화협약 당사국총회가 열렸다. 총회는 이 문제를 해결하기 위해 선진국의 온실가스 감축 의무를 구체적으로 정하는 교토의정서를 채택했다. 그러나 2001년에 미국은 자국 산업을 보호한다는 명목으로 교토의정서에서 탈퇴했다. 그리고 중국은 한동안 온실가스 감축에 대한 어떤 견해도 내놓지 않았다. 대표적인 경제 대국과 인구 대국 두 나라가 폭주하는 기후 열차를 막는 데 앞장서야 할 책무를 저버린 것이다.

● 2도 약속, 속 빈 강정

2009년 덴마크 코펜하겐에서 열린 당사국총회는 지구 평균 온도가 산업화 이전보다 2도 이상 상승하지 않도록 막자는 데 합의했다. 2011년 남아프리카공화국 더반에서 열린 당사국총회는 국제기후회의 역사상 매우 중요한 전기를 마련한 것으로 기록된다. 2020년 이후 온실가스를 감축하겠다는 약속에 당사국 197개국이 모두 합의한 것이다. 2012년 카타르 도하에서 열린 당사국총회는 2020년까지 온실가스를 1990년에 비해 25~40% 감축하자는 구체적인 합의를 내놓았다.

그런데 미국을 포함해서 러시아, 캐나다, 일본, 뉴질랜드 등이 이 합의에 참여하지 않았다. 회의장에서는 이 나라들이 감축 행동에 나서지 않는다면 이 합의는 속 빈 강정일 뿐이라는 한탄이 터졌다. 불참국을 제외하고 합의에 참여한 나머지 당사국들은 온실가스 대량 배출국이 아니었다. 이 국가들의 온실가스 배출량을 모두 합쳐도 전 세계 배출량의 15%에 미치지 못했다. 이처럼 오랫동안 온실가스를 배출해온 여러 나라가 빠져나갔으니 세계 온실가스 배출량 감축의 성과가 크지 않을 거라는 우려가 뒤따랐다. 누적배출량이 높은 나라들은 이미 오랫동안 지구생태계와 다른 인간 사회에 많은 빚을 졌고, 따라서 그 빚을 갚아야 할 막중한 책임을 안고 있다.

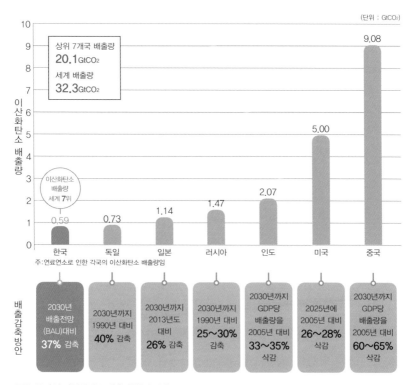

주요 국가의 이산화탄소 배출 현황과 감축 목표(GtCO₂= 이산화탄소환산량으로 10억톤) (출처 국회입법조사처)

　　　　　　　　　　　　　　　　그레타 툰베리와 함께하는 기후행동

● 주요 국가의 온실가스 감축 목표

 2013년 폴란드 바르샤바에서 열린 당사국총회는 기온 상승 2도 이하 억제 목표를 달성하기 위해 국가별로 온실가스 감축 목표를 자율적으로 결정하여 제출하기로 합의했다. 각국이 온실가스 감축 목표를 구체적으로 정해 제출하자는 합의에 도달한 것은 소중한 성과였다. 그런데 기후변화협약 당사국총회는 당사국에게 높은 감축 목표를 세우도록 강제할 권한도, 목표를 달성하지 못한 국가에게 제재를 가할 권한도 가지고 있지 않았다. 다시 말해 각국이 국가별 온실가스 감축 목표를 세울 때 자기 나라 형편을 고려한다는 취지로 서로 다른 기준을 적용한다고 해도 당사국총회는 결코 간섭할 수 없었다. 대부분의 당사국들이 감축 목표를 정할 때 지구촌 전체의 공존을 우선시하는 길 대신에 자국의 부담을 줄이는 길을 택했다.

 2015년, 프랑스 파리에서 열릴 당사국총회를 앞두고, 각국이 국가별 온실가스 감축 목표를 제출했다. 우려는 결국 현실이 되었다. 국가별 감축 목표는 제각각이었을 뿐 아니라 대체로 턱없이 낮은 수준이었다. 가령 미국은 2025년까지 2005년 대비 26~28%를, 중국은 2030년까지 2005년 GDP 대비 온실가스 배출량을 60~65% 감축하겠다고 발표했다. 우리나라는 2030년 배출전망치 대비 37%를 줄이겠다고 발표했다.

● 2도라니, 1.5도만 상승해도 위험하다

한편 투발루, 몰디브를 비롯한 섬나라들은 지구 평균기온이 2도 높아지면 섬들이 물에 잠겨 사라지기 때문에 지구 온도 상승을 1.5도 이하로 제한해야 한다고 강하게 주장해왔다. 파리에서 열린 당사국총회는 이 나라들의 호소를 받아들여 지구 온도 상승을 2도보다 '상당히 낮은 수준으로' 유지하되, 1.5도 이하로 제한하기 위한 노력을 강화하면서 세계 온실가스 배출이 감소추세로 돌아서는 시점을 최대한 앞당기기로 약속했다.

그뿐만 아니라 온실가스를 더 오랫동안 배출해온 선진국이 더 많은 책임을 지고 개도국의 기후변화대응을 지원한다는 내용도 들어갔다. 2020년부터 개도국의 기후변화대책 사업에 매년 최소 1,000억 달러를 지원하고 관련 기술 전수 및 정보 공유 등에 협력하기로 했다.

● 이 정도로는 턱없이 모자라다

모든 국가가 파리협약에 따라 자발적으로 약속한 배출 감축 목표를 약속한 시간 안에 달성한다면, 지구 온도는 확실히 안정될까? 그러나 안타깝게도 이 나라들이 약속한 목표로는 지구온도 대폭 상승을 막자는 목표를 결코 이룰 수 없다. 각국이 계획한 목표를 달성하더라도, 2018년부터 2030년까지 12년 사이에 연간 온실가스 400~500억 톤이 지구 대기로

그레타 툰베리와 함께하는 기후행동

배출된다. 2도 목표 달성에 이루고자 할 때 남은 탄소예산(약 4,000억 톤)을 고려하면, 각국이 보고한 계획을 이행한다 해도 세계는 남은 탄소예산을 거의 다 쓰거나, 예산보다 더 많이 탄소를 배출하게 될 것이다.

안토니우 구테흐스 유엔 사무총장은 이렇게 말했다. "과학계는 기후변화의 최악의 영향을 피하기 위해서는 지구 온도 상승을 산업화 이전 기준선의 1.5도 이내로 제한해야 한다고 말합니다. 우리는 2030년까지 전 세계 온실가스 배출량을 2010년 수준에서 45%까지 줄이고 2050년까지 순배출 제로에 도달해야 합니다. 그런데 우리는 이 목표에서 한참 뒤처져 있습니다."

온실가스 순배출 제로란 지구 기후에 변화를 일으키는 이산화탄소, 메탄 등 온실가스 전체의 배출량과 흡수량을 같게 만들어 온실가스의 순배출을 제로로 만드는 것을 뜻한다. 순배출이란 만일 배출이 3이고 흡수가 1이면 순배출은 2가 되고, 배출이 1이고 흡수가 3이면 순배출은 −2가 된다. 순배출 제로를 순배출 영점화 또는 넷제로net zero라고도 한다. 가능한 한 빨리 이 상태를 이루려면 계획적이고 엄격한 정책으로 온실가스 배출을 대폭으로 줄이는 조치(예: 석탄발전 금지)와 흡수를 대폭 늘리는 조치(예: 대규모 나무 심기)를 해야 한다.

순배출 제로와 탄소 중립이 종종 뒤섞여 쓰이는데, 탄소 중립이란 인간의 활동으로 배출되는 탄소와 흡수되는 탄소의 양을 같게 만들어 탄소 순배출을 0으로 만드는 것을 말한다. 엄밀히 말하면 온실가스 순배출 제로가 탄소 중립보다 더 다양한 조치를 해야 하는 어려운 목표다.

● 모두들 약속했으니 이제 안심해도 되겠다고?

몇 년째 여러 국가가 온실가스 감축 목표를 내놓고 탄소 중립을 해야
한다고 외쳐왔으니 온실가스 배출이 많이 줄었을 것이라고 생각하기 쉽

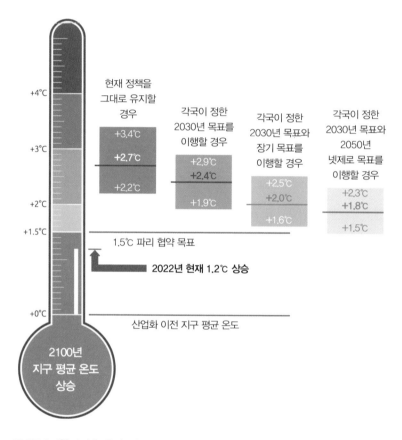

기후행동추적Climate Action Tracker은 온도계 그림을 이용하여 각국이 어떤 감축 정책과 행동을 실행하느
냐에 따라 지구 평균 기온 상승폭이 얼마나 달라지는가를 표시했다. 이 그림은 2022년 11월에 예측한
것이다. (출처 Climate Action Tracker)

그레타 툰베리와 함께하는 기후행동

다. 안타깝게도 현재 각국이 내놓은 온실가스 감축 계획은 2100년까지 지구 온도 상승 폭을 1.5도 이하는커녕 2도 이하로 억제하기에도 턱없이 부족하다.

온도계 그림은 국제환경단체 기후행동추적이 연구하여 발표한 것이다. 이 연구에 따르면, 각국의 2030년 탄소 감축 약속이 모두 지켜지더라도 지구온도 상승을 1.5도 아래로 유지할 수 있을 만큼 온실가스를 감축하기에는 턱없이 부족하다. 2100년에는 지구 온도가 산업화 이전보다 2.4도 상승할 것이라고 예측한다. 만약 많은 국가가 2050년 탄소 중립 등의 장기 계획을 충분히 이행하면 2100년 지구 온도는 1.8도 상승으로 억제될 것이라고 낙관적으로 본다. 그러나 목표와 현실은 분명히 다르다. 각국이 약속과는 달리 현재 정책을 그대로 유지하면 2100년 지구 온도는 2.7도 상승할 것이다.

실제로 에너지 관련 세계 이산화탄소 배출량은 2018년에 331억 톤이었는데 2022년에는 368억 톤에 노달해 사상 최대치를 찍었다. 2019년, 2020년에는 코로나19 위기로 에너지 사용이 상당히 줄었는데 2021년에는 다시 크게 늘어 코로나19 이전 수준을 훌쩍 뛰어넘었다. 이처럼 세계는 갈수록 많은 온실가스를 내뿜으며, 파리기후협약에서 합의한 목표에서 점점 멀어지고 있다. 전 세계가 서둘러 행동하지 않으면 2100년경 지구 온도는 지금보다 2~3도 넘게 폭증할 것이다. 각국은 당장 온실가스 감축 목표를 더 높여 잡아야 한다.

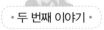

인도 사람이
미국 사람처럼 산다면

#산업화 #식민지 수탈 #니제르 델타
#온실가스 성적표 #누적배출량 #연간배출량
#희생양 #이산화탄소 포집 기술

세계 역사를 살펴보면, 지구생태계가 화석연료 속에 쌓아둔 압축된 에너지가 주는 혜택을 누려온 것은 극히 일부의 인류였다. 화석연료로 만들어진 대량의 에너지는 모든 지구인 사이에 공평하게 분배되지 않았다.

● 무쇠팔은 누구를 위해 움직이나?

화석연료 덕분에 인간은 어떤 동물보다도 많은 물건을 만들고, 더 강력한 힘을 내고, 더 빠르게 달리고, 어떤 날짐승보다도 더 빨리 하늘을 날고 어떤 물고기보다도 더 빠르게 바닷속을 헤엄칠 힘을 가지게 되었다. 마침내 인간의 활동 영역은 우주 공간과 심해 바다, 땅속 깊은 곳으로까지 확대되었다. 그러나 모든 인간의 활동 영역이 넓어진 것은 아니다.

화석연료는 일부의 인류에게만 무쇠팔, 무쇠다리, 무쇠날개를 달아주었다. 그러한 일부의 인류는 화석연료가 제공한 무쇠팔, 무쇠다리, 무쇠날개 등의 덕분에 이루고자 하는 목표에 도달하는 시간을 단축할 수 있었다. 인간과는 달리 잠을 자지 않고도 일할 수 있는 무쇠팔을 확보한 사람들은 몇 시간 만에 수백 벌 옷을 만들거나 몇 달 안에 수십 층 건물을 짓거나, 수십 킬로미터의 터널을 뚫을 수 있었다.

화석연료를 채취하고 사용하는 기술을 토대로 산업화를 이룬 나라들은 대량의 원료를 확보하는 데 주력했고, 생태계를 단순한 원료의 저장

고로만 취급했다. 일찍 산업화를 이루어 부를 확보한 나라들은 군사용 장비를 앞세워 자국의 영향력을 넓혔고, 힘이 약한 나라들의 인력과 자원을 넘겨받았다. 식민지 확보를 통해 효율적인 원료 공급망과 물자 소비처를 마련했고, 생태계가 재생할 수 있는 범위를 넘어서는 무자비한 수탈을 이어갔다.

● 인도인이 먹을 빵을 런던 시민이 먹다

1900년경 영국인들의 밀 소비량 중 인도산이 차지하는 비중이 무려 20%였다. "런던 시민들이 인도 사람들이 먹어야 할 빵을 먹고 산다"라는 말이 나올 정도였다. 인도 사람들은 기근에 대비해 비축해 놓았던 밀을 빼앗겨 굶주림에 시달렸다. 또 영국은 인도 사람들의 공유지를 독차지해 모든 산림에 경계를 긋고, 면화 등 수출용 단일 작물을 재배하는 땅으로 바꾸어버렸다.

공유지 생태계의 재생 능력을 고려해 농경지와 수자원을 관리해온 전통적인 방식이 무너지면서 인도 사람들은 가난에 시달려야 했다. 생계 터전을 잃은 사람들은 고무농장이나 사탕수수 농장, 광산, 철도 공사장으로 일자리를 찾아 흩어졌다. 그러나 저임금과 높은 노동 강도, 열악한 노동 환경의 이런 일자리들은 노동자들의 삶을 개선하지 못했다.

물론 이런 상황은 인도만의 것이 아니었다. 19세기와 20세기 초까지

그레타 툰베리와 함께하는 기후행동

세계 각지의 식민지와 본국 사이에는 이와 비슷한 상황들이 펼쳐졌다.

● 석유 채굴 뒤 버려진 땅, 니제르 델타

이런 생태계 파괴와 인력 및 자원의 수탈은 식민지 확보 전쟁이 치열했던 과거의 일로 끝나지 않는다. 현대에 와서 경제의 세계화가 이루어지고 거대 기업들이 자국 국경 밖으로 활동 영역을 넓혀가면서 생태계 파괴와 인력 및 자원 수탈의 강도는 더욱 높아졌다. 그 대표적 사례가 니제르 델타에서 벌어졌다.

나이지리아의 비옥한 평원인 니제르 델타 지역은 원유를 캐내려는 석유 회사들의 노다지로 변신했다. 여러 석유 회사들이 이곳에서 석유를 캐내 고수익을 얻어가는 동안, 잇따른 원유 유출 사고와 대량 배출된 오염물질이 땅과 바다와 공기를 오염시켰다. 어업과 농업에 종사하던 주민들 대부분은 공유 터전의 오염으로 생계를 잃고 가난에 시달리고 있다. 1970년대에 1,900만 명(전체 국민의 36%)이었던 나이지리아 극빈층 인구는 지금은 9,000만 명(전체 국민의 70%)으로 오히려 늘어났다.

이처럼 인류 중 일부는 공동의 터전이 망가지는 것을 개의치 않은 채 화석연료를 대량으로 캐내 값싸고 편리한 에너지 생활을 해 왔다. 그뿐만 아니라, 화석연료의 힘을 이용해 지구생태계의 다양한 자원을 회복할 수 없을 정도로 약탈했다. 화학비료를 대량 투입해 토양을 망가뜨리

석유회사 쉘의 기름유출사고가 난 니제르 델타 (출처 국제 엠네스티)

고, 목재를 구하거나 농경지를 만들기 위해 거대한 산림을 베어내고, 바다에 유독성 물질을 내버렸다.

　그러는 사이에 화석연료에 압축되어 있던 물질들이 공기로, 물로, 땅으로 풀려나가 생태계를 파괴하고, 대량의 온실가스가 대기 중에 축적되어 기후변화를 일으키고 있다. 그 결과 지구생태계는 돌이키기 어려울 만큼 훼손되어 인간을 비롯한 모든 생물 종이 타격을 입고 있다.

● 온실가스 배출, 미국인은 인도인의 9배

미국 사람은 평균적으로 인도 사람보다 온실가스를 9배나 더 많이 배출한다. 2017년 미국인 한 사람의 온실가스 배출량(15.6톤)은 인도인 한 사람의 배출량(1.7톤)의 무려 9배다. 1970~80년대의 미국 사람은 지금의 인도 사람보다 온실가스를 12배나 더 많이 배출했다. 인도 사람들이 1970년대부터 줄곧 미국 사람들처럼 화석연료를 펑펑 쓰며 살았다면 지구 대기 중 온실가스 농도는 지금보다 훨씬 높아졌을 것이다.

인도 사람들은 화석연료 에너지를 적게 쓰는 만큼 미국 사람들보다 힘겨운 일상을 견뎌야 한다. 아직도 충분한 의료 혜택을 보지 못해 질병에 시달리거나 목숨을 잃는 사람들이 많다. 교육 시설과 교통 시설, 상하수도 시설 등이 부족하거나 부실해 능력을 제대로 펼치지 못하는 사람도 많다.

누구도 인도 사람들에게 앞으로도 계속해서 이런 삶을 살라고 강요할 수 없다. 선진국들은 이미 오래전부터 화석연료에 의지해 경제를 성장시켜 소득을 늘렸고, 불필요한 소비를 부추기며 경제를 양적으로 성장시켜왔다. 이러한 경향은 현재도 달라지지 않았으며, 여전히 대량의 온실가스를 배출하고 있다.

따라서 선진국들은 인도, 중국 러시아를 비롯한 여러 나라가 국민의 삶을 개선하기 위해 경제성장에 박차를 가하는 것을 가리켜 온실가스를 대량으로 배출하고 있다고 비난할 처지가 아니다.

이제껏 온실가스를 가장 많이 배출해온 나라는?

- **누적 배출량 세계 1위 미국(25.6%)**
- 별명 = 석유왕국, 자동차왕국
- 석유소비량 세계 1위
- 석유생산량 세계 1위
  - 미국의 하루 원유소비량 (2018년) = 2천만 배럴 (세계 소비량의 20%)
  - 미국 운송 부문 배출 온실가스 (2016년) 20억 톤 vs 중국 운송 부문 배출 온실가스 8억 톤

- 석유 소비 대국인 미국은 2018년에 세계 최대 산유국으로 등극했다. 한 마디로, 미국은 석유를 가장 많이 캐내고 가장 많이 써대는 나라다. 미국은 셰일오일 혁명이 시작된 2010년부터 석유 생산을 크게 늘렸다. 2018년 미국의 1일 원유 생산량은 1천만 배럴을 넘어섰다. 세계 1일 원유 생산량은 1억 배럴. 그 중 10분의 1이 미국에서 생산된다는 이야기다. 사우디아라비아를 앞서는 생산량이다. 게다가 미국산 원유의 70퍼센트 이상이 셰일오일이다.

- 1인당 석유 소비량이 많은 나라는 사우디아라비아, 캐나다, 미국, 한국, 일본, 독일, 러시아, 브라질, 중국, 인도 순이다. 미국이 3위이다. 그런데 놀랍게도 우리나라가 4위다. 우리나라 1인당 석유소비량은 17배럴로, 미국(22배럴)보다는 뒤처지지만, 일본(12배럴)을 앞선다. 그리고 중국(3배럴)과 인도(1배럴)를 훨씬 앞서고 있다.

- **누적 배출량 세계 2위 유럽연합28개국(22.7%)**

- 1977년 이전까지는 유럽연합이 누적배출량 1위였다가, 미국이 1위로 순위가 바뀌었다.

그레타 툰베리와 함께하는 기후행동

■ **누적 배출량 세계 3위 중국(12.36%)**

• **별명 = 세계의 굴뚝**

• **석탄생산량 세계 1위**

• **석탄소비량 세계 1위** (세계 소비량의 51%)

  − 중국의 석탄 생산량(2018년) = 35.5억 톤(세계 석탄 생산량의 47%)

  − 중국의 1인당 석탄소비량 세계 2위(1.35 TOE). 세계 1위는 호주(1.77 TOE)다.

  − 중국은 석탄발전 비중이 67.1%로 세계 4위다. (석탄발전 비중 1위 = 남아공 (87.7%) 2위 = 인도(76.2%) 3위 = 폴란드(78.7%). 이 나라들은 모두 미세먼지 수치가 높은 나라들이다.)

• 중국은 '세계의 굴뚝'이라고 불릴 만큼, 엄청나게 많은 석탄발전소를 지어왔고 지 금도 짓고 있다. 현재 세계 석탄 발전소 용량의 47%가 중국 내에 있다. 최근 8년 사이에 중국의 석탄발전소 용량은 무려 다섯 배나 늘어났고, 앞으로도 석탄발전소 를 더 지어 세계 석탄 발전소 용량의 3분의 1만큼을 더 늘릴 계획을 가지고 있다.

• 중국 다음으로는 석탄을 많이 쓰는 나라는 인도, 미국, 일본, 러시아, 우리나라 순 이다. 석탄 발전소를 늘려가고 있는 건 중국만이 아니다. 2017년에 아시아 국가들 (우리나라, 일본, 베트남, 인도네시아, 방글라데시, 파키스탄, 필리핀)의 석탄 발전 용량은 2000년에 비해 두 배로 늘어났다.

• 중국 기업들은 현재 이집트, 모잠비크, 몽골 등 세계 31개국에 총 200여기의 석탄 발전소를 건설하고 있거나 건설할 계획인 것으로 알려져 있다. 중국뿐 아니라 우 리나라와 일본 역시 가난한 나라에 석탄 발전소를 수출하는 일에도 열심이다.

2016년 한 해 동안 이산화탄소를 가장 많이 배출한 나라는?

(2016년 기준으로 이산화탄소 배출량(연료 연소, 시멘트 생산. 기타 산업 공정에서 나오는 CO_2)만을 측정한 것. 자료: UNFCCC, Emissions Database for Global Atmospheric Research)

■ **중국 │ 배출량 세계 1위**

- 배출량 = 104억 톤
- 중국의 이산화탄소 배출량은 1990년에 23억 톤, 2000년에 36억 톤, 2005년에 61억 톤으로 폭증했고, 2010년에 89억 톤, 3년 만인 2013년에 99억 톤, 2014년에 105억 톤을 넘어섰다.
- 1인당 배출량 = 7.45톤 (1990년에는 1.97톤이었는데, 2005년에는 두 배(4.69톤), 2010년에는 세 배 넘게(6.57톤) 상승했다.)

■ **미국 │ 배출량 세계 2위**

- 배출량 = 50억 톤
- 1인당 배출량 = 15.5톤 (1970~80년대에 22톤에 육박했다가 1986년에는 17톤까지 떨어졌다. 다시 2000년에 20.6톤으로 정점을 찍고 꾸준히 줄었다. 경제위기와 셰일가스 사용이 늘어난 결과다.)

■ **유럽연합 28개국 │ 배출량 세계 3위**

- 배출량 = 34억 톤
- 1인당 배출량 = 6.75톤 (1990년 9.08톤에서 1999년에는 8.34톤으로 감소했다. 2007년부터 2014년 사이에는 경제위기로 급격히 감소했다가 2016년에 약간 상승했다.)

그레타 툰베리와 함께하는 기후행동

- **인도 | 배출량 세계 4위**
  - 배출량 = 25억 톤 (경제 싱징으로 에너지 수요가 늘어나면서 배출량이 계속 늘어나 2050년에는 약 65억 톤으로 증가할 것이다.)
  - 1인당 배출량 = 1.92톤 (세계 1인당 평균 배출량 4.3톤에 크게 못 미친다. 그러나 2050년에는 3.77톤으로 증가할 것이다.)

- **러시아 연방 | 배출량 세계 5위(16억 톤), 1인당 배출량 = 11.5톤**
- **일본 | 배출량 세계 6위(12억 톤), 1인당 배출량 = 9.6톤**
- **캐나다 | 배출량 세계 7위(6.7억 톤). 1인당 배출량 = 18.6톤**
- **이란 | 배출량 세계 8위(6.4억 톤). 1인당 배출량 = 8톤**

- **한국 | 배출량 세계 9위**
- 배출량 = 6.04억 톤

  (환경부 국가 온실가스 인벤토리에 따르면, 우리나라 온실가스 배출량은 1990년 2억 9,200만 톤에서 2017년 7억 910만 톤으로 급격히 늘었다.)

- 1인당 배출량 = 11.8톤 (1990년에 6.2톤에서 2012년에는 12.1톤으로 두 배가량 늘었다가 그 후 약간 줄었다.)

- 이산화탄소 배출량 순위 1, 2, 3위는 중국과 미국, 유럽연합이다(편의상 여기서는 유럽연합을 한 나라로 취급한다). 이 세 나라가 내뿜는 온실가스 배출량은 하위권 100개국이 내뿜는 배출량의 14배에 이른다. 상위권 3개국의 배출량 합계(188억 톤)는 세계 배출량(357억 톤)의 절반을 차지하는 데 반해서, 하위권 100개국의 배출량 합계는 세계 배출량의 3.5퍼센트에 불과하다. 상위 10개국의 배출량 합계(270억 톤)는 세계 배출량의 약 4분의 3을 차지한다. 따라서 온실가스 배출 대국들이 감축에 적극적으로 참여하지 않는 한 갈수록 심각해져가는 기후위기의 난관을 극복하기는 어렵다.

혜택은 선진국, 피해는 후진국

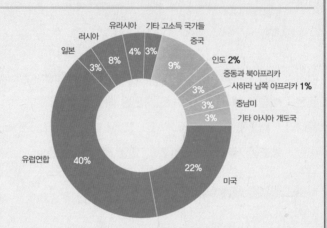

온실가스 누적 배출량에 대한 책임, 즉 기후변화의 역사적 책임은 선진고소득 국가들(푸른색 표시)에 있다. 1850–2011년 사이에 전 세계가 내뿜은 배출량의 79퍼센트가 선진국에서 나온 것이다. (출처 Center for Global Development)

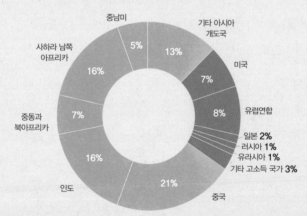

기후변화로 인한 피해. 대부분 저소득개도국들(노란색 표시)에게 집중된다. (출처 Center for Global Development)

● 가난한 개발도상국, 기후변화의 희생양

아프리카, 중앙아메리카, 남아시아, 동남아시아의 가난한 나라에서는 여전히 많은 사람이 가난과 굶주림, 질병, 심지어 자연재해와 사회적 갈등에서 비롯한 폭력 사태에 시달리며 살아간다. 이 나라들은 대부분 식민지배의 역사와 선진국 중심의 세계화 때문에 산업화와 자립적인 경제 성장의 길을 걸을 수 없었다. 그렇기에 이 나라들은 누적 배출량이 아주 적다.

그런데도 이 나라들은 기후변화의 피해를 가장 심하게 입고 있다. 게다가 기후변화 대응에 충분한 자원과 역량을 투입할 수 있는 형편이 아니다. 이곳의 가난한 사람들은 선진국 사람들보다 폭풍과 극한 기상을 훨씬 자주 만난다. 그런데 집과 배수시설, 제방 등은 선진국보다 훨씬 취약하고 재난을 입었을 때 의지할 여윳돈은 훨씬 적고 국가 지원도 기대하기 어렵다.

최근 들어 많은 개발도상국이 화석연료를 주된 연료로 삼아 경제 개발을 다그치고 있다. 한 해 온실가스 배출량을 따져보면, 최근에는 우리나라, 중국, 인도를 비롯하여 아시아, 아프리카, 중동, 중남미의 신흥국가들이 세계 배출량의 63%를 뿜어내고 있다.

그러나 가난한 나라나 신흥국 국민에게 가난에서 벗어나 생활수준을 향상하려는 노력을 멈추라고 할 수는 없는 노릇이다. 따라서 선진국들은 가난한 나라들과 신흥국들이 기후위기를 심화시키는 온실가스를 내뿜지 않고 성장할 수 있도록 도와야 한다.

● 골칫덩어리 온실가스, 대충 뭉개고 살자

사실 이런 이야기들은 리우환경회의가 체결된 1997년부터 이미 기후 회의 참가국들의 공통된 의견이었다. 세계가 2도 목표를 달성하기 위한 정책을 진지하게 수행해 왔다면 지금 어떤 상황이 되었을까?

그때부터 부유한 나라들이 자국의 온실가스 배출량을 점진적으로 감축하면서 동시에 화석연료를 대체할 기술 개발에 집중해서 지구촌이 온실가스 배출 없는 에너지를 사용하는 길로 가는 견인차 구실을 했다면, 그리고 중국, 인도 등 급속히 부상하는 신흥국들 역시 저탄소 발전 경로로 들어섰다면 어땠을까? 만일 그랬다면 세계는 온실가스 배출량을 해마다 약 2%씩 감축해서 지금쯤 1990년 배출량의 절반쯤으로 줄일 수 있었을 것이다.

그러나 현실은 그렇지 않았다. 세계는 30여 년이라는 귀한 시간을 고스란히 날려버렸고, 많은 나라는 서로 경쟁하듯 온실가스를 더 맹렬하게 뿜어냈다. 안타깝게도 우리에겐 시계를 거꾸로 되돌릴 능력이 없다.

기후위기는 어느 한 나라의 노력만으로 해결할 수 없다. 미국은 온실가스 배출 책임이 크고 세계적인 영향력을 가진 국가인 만큼, 파리협약에서 가장 중요한 역할을 맡아야 한다. 그런데 트럼프 대통령은 파리협약 때문에 자국에서 공장이 문을 닫고 산업생산이 감소하여 국민이 일자리를 잃고 임금이 줄어 고통받고 있다면서 파리협약 탈퇴를 선언하고 환경 법규 무력화 등 강력한 행동을 밀어붙이고 있다. 그러나 다행스럽게도 많은 미국 사람들이 트럼프 대통령의 이러한 결정과 이에 따른 행보를 비난하며 이를 막기 위한 노력을 하고 있다.

트럼프 대통령처럼 노골적인 행보를 보이진 않지만, 온실가스 배출에 책임이 큰 다른 나라들에서도 온실가스 배출 감축 정책에 대한 산업계의 반발에 발목이 잡혀 긴급한 기후 대응 정책을 시행하지 못하는 나라들이 많다. 우리나라도 그중 하나다.

캐나다의 열정적인 환경운동가 나오미 클라인은 이렇게 통탄한다. "우리는 20년이 넘는 세월 동안 눈에 거슬리는 골칫거리 깡통(탄소 문제)을 발로 차서 도로로 밀어냈다. 게다가 우리는 탄소를 토해내는 2차선 도로를 6차선 고속도로로 넓히기까지 했다."

● 위기는 가깝고 기술은 멀다

어떤 사람들은 창의적인 기술을 통해 온실가스 문제를 거뜬히 해결할 수 있다고 장담한다. 실제로 여러 과학자가 공기 중에서 이산화탄소를 제거(포집)하는 기술을 개발하는 일에 참여하고 있다. 여기서 한발 더 나아가 이산화탄소를 기체 상태 그대로 깊은 땅속이나 바다 밑에 저장하거나 광물로 만들어 건축재로 활용하거나 식물이나 기타 상품의 원료로 사용하자는 아이디어까지 나오고 있다.

온실가스로 인한 지구온난화 문제를 해결하려면, 대기에서 막대한 양의 이산화탄소를 제거해야 한다. 하지만 이 기술은 아직 소규모로 이루어지고 있을 뿐이다. 대규모로 공기 중에서 이산화탄소를 제거하는 기술이 개발된다고 해도, 엄청난 양의 에너지와 비용이 들어갈 수밖에 없다.

더 큰 문제는 인간이 이런 기술을 실행할 경우 어떤 위험성이 발생할지 모른다는 점이다. 핵분열 반응을 이용해 에너지를 얻는 핵기술과 핵무기를 개발할 당시만 해도 인류는 그 기술이 안고 있는 모든 위험성을 파악하지 못했다. 이산화탄소 포집 기술 역시 마찬가지다. 이 기술은 아직 효과도 부작용도 검증되지 않았다. 요컨대, 이산화탄소 포집 기술은 부작용 없이 효과를 볼 수 있을 정도로 완성된 상태가 아니다.

그런데도 인류가 기후위기를 막기 위한 행동을 미룬 탓에 대기 중 이산화탄소 농도는 한 해가 다르게 치솟고 있다. 한 마디로 기후위기는 현재진행형이고, 안전한 기술의 탄생은 불확실한 미래다.

● 기후위기는 우리를 기다려주지 않는다

만일 이산화탄소 포집 기술을 이용해서 화석연료 사용으로 배출한 양만큼의 이산화탄소를 대기 중에서 제거할 수 있다면, 지구온난화 문제는 당장 해결될까? 아쉽지만 그렇다고 해도 당장 지구 온도가 안정되지는 않는다.

18세기 말 산업혁명 시기보다 현재 지구 온도는 1도가량 오른 상태다. 지금 당장 인류가 온실가스를 전혀 배출하지 않는다고 해도 2100년경이면 지금보다 지구 온도가 0.6도 올라 산업화 이전에 비하면 1.6도 높아질 거라고 전문가들은 예측한다.

왜 그럴까? 이미 대기 중에 배출된 온실가스는 짧게는 10년가량, 길게는 1,000년이 넘도록 대기 중에 남아 기후변화에 영향을 미치기 때문이다. 2030년까지도 인류가 온실가스를 급격히 줄이는 경로로 접어들지 않는다면, 인류는 1.5도 목표는커녕 2도 목표도 달성하기 어렵다. 2030년이면 넉넉히 남지 않았느냐고?

2030년까지 온실가스를 45% 감축하자는 목표를 달성하려면 각국은 하루 빨리 그 계획을 짜고 곧바로 실행에 옮겨야 한다. 우리는 안전하고 효과적인 이산화탄소 포집 기술이 탄생할 때까지 10년, 20년을 허비할 여유가 없다.

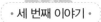

· 세 번째 이야기 ·

에너지는 인권이다

#전기 없이 사는 사람들 #에너지 편중 #에너지빈곤층
#탄소세 #노란 조끼 시위

아직도 세계에는 전기 없이 사는 사람들이 11억 명에 이른다. 특히
아시아 개발도상국들에는 3억 5천 만 명, 아프리카 사하라 사막 남쪽
지역에서는 6억 명이 넘는 사람들이 전기 없이 살아간다. 특히 사하
라 사막 남쪽에 사는 인구의 절반 이상이 전기 없이 살고 있다.

● 전기가 없어 죽은 아이들

아시아와 아프리카의 가난한 사람들은 대개 작은 땅에서 농사를 짓거나 가축을 소량으로 키우며 간신히 먹고 산다. 일손이 모자랄 때는 아이들 손까지 빌리느라 아이들을 학교에 보내지 못하는 가정도 많다. 게다가 산업 사회에는 일반화되어 있는 공공 서비스(상하수도, 예방접종, 전염병 관리 등)가 보급되지 않은 지역이 많아 병에 걸릴 위험이 크고, 병이 들어도 병원 치료를 받지 못해 중증 건강을 잃거나 목숨을 잃는다.

세계적으로 2017년 한 해에만 5세 미만 어린이 630만 명이 사망했다. 2018년 우리나라 출생아 수가 32만 명인데 그 20배에 이르는 아이들이 태어나서 다섯 해를 채우지 못하고 숨을 거둔다는 이야기다.

그런데 이 중 절반 이상은 아프리카 사하라 사막 남쪽 지역에서, 3분의 1은 남아시아 지역에서 태어난 아이들이었다. 안타깝게도 이 아이들 대부분의 목숨을 앗아간 질병은 약품과 깨끗한 물, 전기와 백신 공급이 제대로 이루어졌다면 충분히 예방할 수 있는 질병이었다(세계보건기구 2018년 보고서). 만일 전기를 이용할 수 있었다면 이런 안타까운 죽음을 크게 줄일 수 있었을 것이다. 이처럼 생명과 건강 유지, 생활 개선에 꼭 필요한 에너지를 이용하는 것은 모든 사람에게 보장되어야 할 인권이다.

유엔은 이런 현실을 개선하기 위해서 모든 사람이 적정한 가격에 구매할 수 있고, 믿을 수 있고 현대적인 지속가능한 에너지를 이용할 수 있게 한다는 목표를 정했다. 이에 따르면 국제 사회는 2030년까지 에너지 소외 계층이나 에너지 빈곤계층까지도 편리하고 깨끗한 에너지를 사용할 수 있는 조건을 만들어가야 한다.

> **전기는 어떻게 가난을 몰아낼까?**
> ①전등을 쓰면 해가 지고 나서도 글을 읽고 쓰거나 일을 할 수 있다. ②휴대전화를 쓰면 통신을 할 수 있고 은행 업무를 볼 수 있다. ③전기 양수기를 쓰면 농토에 물을 줄 수 있다. ④냉장고를 이용하면 농산물을 신선하게 저장할 수 있다. ⑤라디오와 텔레비전 등을 통한 정보 혜택 덕분에 이상 기상에 따른 피해를 예방할 수 있다. ⑥인터넷, 컴퓨터 등을 이용하면 작업이나 학습의 능률을 높일 수 있다. ⑦전기 덕분에 작업 환경이 좋아지고 정보 습득이 쉬워져 소득이 늘어난다.

● 에너지 편중과 온실가스

에너지 부족으로 고통받는 것은 비단 아프리카 오지나 동남아시아의 가난한 지역 사람들만이 아니다. 산업 사회에서도 부자와 가난한 사람이 사용하는 에너지양 사이에는 엄청난 격차가 있다. 에너지 편중 현상

그레타 툰베리와 함께하는 기후행동

은 우리나라에서도 뚜렷이 나타난다. 어느 자료에 따르면, 우리나라의 어느 유명한 전자제품 회사 사장 집의 월평균 전기소비량은 3만 킬로와트시를 훌쩍 넘는다. 평균 가구 소비량의 100배가 넘는 양이다. 이 사람은 집뿐 아니라 회사에서도 더 큰 공간을 이용하고 자동차나 비행기를 더 많이 이용하니 당연히 에너지를 훨씬 많이 쓰고 온실가스를 더 많이 배출할 거라고 짐작할 수 있다.

우리나라 에너지기본법에는 빈곤층을 비롯해 모든 국민에 대한 에너지의 보편적인 공급에 기여해야 한다고 명문화되어 있다. 그러나 우리나라에서는 전체 가구의 8%가 에너지 빈곤층(소득의 10% 이상을 에너지 구매 비용으로 쓰는 가구)이다. 그중 많은 이들이 폭염과 혹한으로부터 자

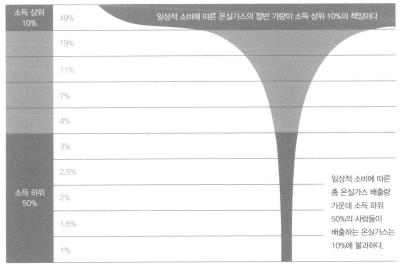

소득 규모에 따른 온실가스 배출량 비교(출처 Oxfam)

신을 보호할 냉난방 연료를 구매하는 데에 충분한 돈을 쓸 만한 형편이 못 된다.

이처럼 부자는 가난한 사람보다 에너지를 훨씬 많이 쓴다. 따라서 온실가스를 훨씬 많이 배출한다. 세계 인구 중 소득 상위 10%가 세계 온실가스의 무려 절반(49.1%)을 배출하는 반면에, 세계 온실가스의 나머지 설반을 나머지 90%의 사람들이 나눠 쓴다. 소득 최하위 10%의 사람들이 배출하는 온실가스는 겨우 1%다. 게다가 부자들이 배출한 다량의 온실가스가 일으킨 기후위기는 온실가스를 가장 적게 배출한 가난한 사람들에게 치명적인 충격을 안긴다. 폭염과 한파, 폭풍과 바이러스를 이겨낼 에너지와 자원이 없어 목숨을 부지하지 못하는 경우도 다반사다.

● 탄소세와 노란 조끼 시위

엉뚱하게도 온실가스 감축을 위한 정부 정책이 저소득층의 부담을 키우는 경우도 있다. 예컨대, 2018년 말 프랑스에서 시작된 노란 조끼 시위는 탄소세의 부작용을 널리 알린 대표적인 사건이다. 프랑스 정부는 경유와 휘발유 등 온실가스 배출원에 높은 세금을 물리는 정책을 추진했다. 일 년 사이에 경유 유류세가 23%, 휘발유 유류세가 15% 인상되자, 많은 서민이 유류세 대폭 인상에 항의하여 노란 조끼를 입고 시위에 나섰다.

그레타 툰베리와 함께하는 기후행동

왜 이런 일이 벌어졌을까? 앞서 보았듯이, 서민층은 부유층보다 상대적으로 에너지 부담이 크다. 프랑스에서는 인구의 3분의 1 이상이 비도시 지역에 거주하는데, 이들은 대부분 대중교통을 이용할 수 없어 경유 자동차를 많이 사용한다. 다른 대체 교통수단이 없는 상황에서 무작정 세금을 올리면 당연히 서민층의 경제적 부담이 크게 늘어난다.

노란 조끼 시위가 몇 달 동안 이어지자, 프랑스 정부는 결국 유류세 인상 조치를 철회했다. 그렇다고 탄소세가 근본적으로 잘못된 것은 아니다. 탄소배출이 많은 부유층에게서 더 많은 세금을 거두어 모은 재원으로 깨끗한 에너지로의 전환을 지원하면서 동시에 저소득층의 에너지 부담을 덜어주는 방법을 적절히 마련한다면, 탄소배출 감축이라는 목적을 충분히 이룰 수 있다.

국가 간에도 마찬가지다. 엉뚱하게도 온실가스 감축을 위한 국제적인 정책과 제도가 가난한 나라의 부담을 키울 수도 있다. 따라서 기후협약에 명시된 바와 같이, 북미 대륙과 유럽 등, 오랫동안 다량의 온실가스를 배출해온 국가들은 솔선해서 온실가스 감축의 책임을 상대적으로 많이 져야 한다. 그리고 중국과 인도 등 급속한 경제 성장을 이루고 있는 국가들을 설득해서 온실가스를 감축하도록 이끌어야 하고, 가난한 나라들이 깨끗한 에너지를 이용해서 가난을 극복할 수 있도록 자원과 기술을 대대적으로 지원해주어야 한다.

위기 속에 기회가 있다

사람들은 인생이란 단순히 흑 또는 백으로 이루어지는 게 아니라고 말합니다. 하지만 거짓말입니다. 아주 위험한 거짓말이지요. 지구온도 1.5도 상승을 막거나 막지 못하거나, 둘 중 하나입니다. 인간의 능력으로는 어찌할 수 없는, 돌이킬 수 없는 연쇄 작용이 시작되는 걸 막아내거나 막아내지 못하거나, 둘 중 하나입니다. 인류 문명을 유지하느냐 마느냐가 우리 손에 달렸습니다. 흑이 아니면 백입니다.

— 그레타 툰베리, 2019년 1월 25일 다보스 세계경제포럼에서 한 연설 중에서

자연의 선물,
재생에너지

#재생에너지 #태양광 발전 #풍력 발전
#에너지 저장 기술 #분산형 전력망 기술 #해상풍력 발전
#푸에르토리코의 비극

지구 온도 상승을 1.5도 이하로 묶는다는 목표를 달성하려면, 2030년까지 온실가스를 45% 감축하고 2050년에는 순 배출량을 0으로 줄여야 한다. 이를 위해서는 각국이 전력, 운송, 산업, 건물에 쓰이는 에너지를 화석연료 대신에 탄소를 배출하지 않는 원천에서 얻어야 한다. 또한, 산업, 가정, 상업 등 모든 부문에서 에너지 효율을 개선하는 기술을 개발하고 보급하여 에너지 소비량을 줄여야 한다. (기후변화에 관한 정부 간 협의체의 보고서)

● 아무리 써도 바닥나지 않는 재생에너지

지구온난화의 주범은 화석연료를 사용할 때 배출되는 이산화탄소다. 화석연료에 '더러운 에너지'라는 별명이 붙은 것은 이 때문이다. 기후변화가 심해지는 걸 막기 위해서 우리는 더러운 에너지 사용을 줄이고 깨끗한 에너지를 사용해야 한다.

그런데 2백 년 가까이 편안하게 써온 화석연료 에너지와 결별이라니 걱정스러운 생각이 드는 건 당연하다. 하지만 우리에겐 온실가스를 배출하지 않는 깨끗한 에너지, 일명 '탄소제로 에너지'가 있다.

화석연료 사용이 보편화하기 전까지, 인류의 주된 에너지원은 지구가 베풀어준 천혜의 자원인 햇빛과 햇볕, 물, 바람, 바이오매스(119쪽 설명 참조)였다. 인간은 햇빛에 의지해 밝은 세상을 보았고, 빨래 등 젖은 물건을 말리거나 고기나 생선, 나물 등 먹을 것을 말릴 때 햇볕과 바람의 힘을 빌려 썼다. 물의 힘으로 돌아가는 물레방아의 힘으로 곡식을 빻고 기계도 돌렸다. 자연 동굴을 이용하거나 인공 동굴을 파서 추위를 피하

그레타 툰베리와 함께하는 기후행동

거나 식품을 저장해 얼어붙는 것을 막았다. 불을 이용하게 된 후로는 소똥이나 땔감 등을 태워 조리하거나 추위를 쫓았다.

이처럼 지속해서 보충되는 에너지를 재생에너지, 혹은 재생가능에너지라고 부른다. 재생에너지는 자연적인 원천에 의해 공급되기에 계속해서 사용할 수 있다.

지구상에 화석연료가 없었다면, 오늘날 인류는 어떤 에너지를 쓰고 있을까? 우리 조상들은 태양열, 풍력, 지열 등 무진장한 에너지, 오염이 없는 에너지를 이용하는 획기적인 기술을 일찌감치 개발해 내지 않았을까? 지금쯤 그런 에너지를 풍족하게 나눠 쓰며 사는 세상이 되었을지도 모른다. 지구를 덥게 만드는 온실가스와 화석연료 이야기 따윈 나눌 필요도 없었을지 모른다.

화석연료는 땅속에 묻힌 양이 정해져 있어서 계속해서 쓰면 언젠가는 바닥이 난다. 또 여러 가지 오염을 일으켜 지구환경에 큰 해를 입힌다. 반면에 재생에너지는 적절히 이용한다면 계속해서 보충될 뿐 아니라 지구환경에 거의 해를 끼치지 않는다.

● 대표적인 재생에너지

■ 태양 에너지

태양 에너지를 이용하는 기술은 고갈될 걱정이 없고 오염을 일으키지 않기 때문에 지속가능한 기술로 꼽는다. 태양광 발전은 실리콘 같은 반도체로 만든 태양전지판을 이용해 태양광을 직접 전기로 변환한다. 태양열 발전은 집열판에 모은 태양열로 물을 끓이고 이때 생긴 증기를 이용해 터빈을 돌려 전기를 생산한다.

■ 풍력 에너지

바람의 운동에너지를 이용해 기계를 돌려 전기를 얻기 때문에 써도 써도 바닥이 나지 않고, 오염 물질을 배출하지 않아 깨끗하다. 화력발전이나 수력발전과는 달리, 물을 전혀 쓰지 않고 환경에 미치는 영향이 훨씬 적으며, 연소 과정이 필요하지 않아 온실가스를 배출하지 않는다.

■ 수력 에너지

수력발전에는 대규모 댐을 쌓아 물을 가두었다가 흘려보내는 대수력 발전과, 낮은 낙차에서 발생하는 물의 힘을 이용하는 소수력 발전이 포함된다. 대수력 발전은 대형 댐을 쌓고 물을 가두어둘 넓은 땅을 확보하기 위해 산림을 벌채하고 물길을 막아 생태계를 훼손하기 때문에 흔히 재생에너지에서 제외된다.

■ 해양 에너지

해양은 조수 · 파도 · 조류 · 해수 온도 차 등을 전기 또는 열로 변환시킬 수 있는 다재다능한 능력을 품고 있다. 특히 해양 에너지는 밤에는 이용할 수 없는 태양 에너지와는 달리 24시간 쉬지 않고 전력을 만들 수 있는 에너지원이다.

■ 바이오매스 에너지

바이오매스란 에너지원으로 이용할 수 있는 모든 생물체를 뜻한다(나무와 풀, 낙엽, 왕겨, 볏짚 등의 동·식물 잔해, 농축산 폐기물, 임산폐기물, 수생식물, 해조류 등). 이를 직접 태워 열이나 전기를 얻기도 하지만, 바이오매스를 분해할 때 나오는 바이오가스, 그리고 콩기름 등 식물성 지방을 이용해 바이오디젤과 바이오에탄올을 만들어 연료로 쓰기도 한다.

● 재생에너지 기술 어디까지 왔나

전 세계에서 사용하는 전력을 100% 재생에너지로 생산할 수 있을까? 충분하다. 지구로 입사되는 태양 에너지는 현재 전 세계 인구가 사용하는 전력을 충분히 감당하고도 남을 정도의 에너지양이다. 그 외 소수력, 풍력 등 기타 재생에너지의 잠재량까지 합산한다면, 지구촌 전체가 충분히 사용할 수 있는 전력을 공급할 수 있다.

반가운 소식은 또 있다. 태양광, 풍력, 지열, 해양 에너지 등 다양한 재생에너지 기술은 하루가 다르게 발전하고 있다. 2012년 기준으로 태양광 패널은 태양광 입사량의 15퍼센트를 전기로 변환할 수 있는 수준의

균등화 발전비용 오랫동안 발전(전기 생산) 비용은 발전소별로 발전소 건설과 운영에 필요한 비용을 합해서 계산했다. 그러나 최근에는 해당 발전소와 관련된 사고 위험 비용과 폐기물 처리 비용(특히 원자력 발전의 경우), 환경오염 및 온실가스 관련 비용(특히 석탄 발전의 경우)을 발전 비용에 포함시키고 있다. 재생에너지 발전은 온실가스를 거의 배출하지 않고 사고 위험성도 적기 때문에 이런 비용이 거의 추가되지 않는다. 본문에서 밝힌 발전 비용은 이런 사회적 비용까지 합산하는 균등화 발전 비용 계산 방식을 써서 나온 결과다.

효율을 지니고 있었다.

태양광 패널의 효율이 꾸준한 기술 발전으로 점점 향상되어 요즘에는 최고 약 22.8%에 도달했다. 고효율 패널을 쓰면 같은 면적의 패널에서 같은 양의 태양광으로 전보다 훨씬 더 많은 전력을 생산할 수 있다.

기술 발전과 대량 생산 덕분에 재생에너지 발전 비용은 하루가 다르게 낮아지고 있다. 그중에서도 대표적인 재생에너지인 태양광 발전과 풍력 발전의 비용이 빠르게 하락하고 있다.

국제재생에너지기구IRENA에 따르면, 태양광과 풍력의 균등화 발전 비용의 세계 평균값은 앞으로 점점 더 낮아져, 2020년에는 화석연료 발전 비용보다 낮아질 거라고 예상했다. 미국 에너지정보청 역시 2022년이면 미국 내에서의 태양광 발전비용(67/MWh)과 육상 풍력 발전비용(52달러)이 원자력 발전비용(99달러)보다 싸질 거라고 발표했다.

우리나라는 아직 재생에너지 발전에 유리한 제도가 완비되지 않아 발전 비용 하락 속도가 세계적인 추세와는 다르다. 어쨌든 화석연료 발전에 대해 온실가스 관련 비용을 엄격하게 적용한다면 석탄의 발전 비용은 점점 높아지고 재생에너지 발전 비용은 점점 하락할 것이다.

● 가난한 나라에겐 재생에너지 기술은 그림의 떡 아닐까?

아직도 세계에는 전기 없이 사는 인구가 11억 명에 이른다. 아시아와 아프리카의 여러 개도국에는 공공 재원이 충분치 않아 높은 비용이 들어가는 대규모 전력망이 깔려 있지 않아 많은 주민이 전력 없이 살아간다.

이 지역 사람들은 천연가스나 석유 등의 화석연료를 구하기 어렵다. 화석연료는 땅에서 캐내고 난 후 정유공장과 송유관, 철도 등의 운송 시설, 중간 저장소, 주유소 등, 대규모 운송 및 저장 시설을 거친 뒤에야 소비자에게 도달하기 때문이다. 더구나 화력발전소나 원자력발전소는 대부분 원료와 냉각수 소달이 쉬운 환경에 대규모로 건설되기 때문에, 이곳에서 생산된 대량의 전기를 멀리 떨어진 소비지까지 보내려면 추가적인 비용이 발생하고, 그 부담은 지역 주민들이 고스란히 짊어져야 한다.

따라서 재생에너지 기술은 특히 전력 소외 지역에 적합한 기술이다. 재생에너지는 태양광이나 풍력 등 현지에서 얻을 수 있는 에너지원을 활용한다. 따라서 대규모 전력망 없이도 소비자에게 전기를 공급할 수 있다. 최근에는 전기가 들어오지 않던 오지 마을 주민들이 태양광이나 바이오가스 등 재생에너지를 이용해 필수적인 에너지를 공급받으며 생활을 개선해가고 있다.

● 방글라데시 촌마을에도, 아프리카 오지에도 OK

예컨대, 가난한 농촌 지역에서도 농가 지붕에 작은 태양광 패널을 설치하면 큰 비용을 들이지 않고도 조명을 밝힐 수 있고, 태양광 발전 양수기를 이용해 농사에 쓸 물을 끌어 올릴 수 있다.

이런 곳에서는 바이오가스도 귀중한 에너지원이다. 농가에서 발생하는 가축 배설물과 농업 부산물을 발효시켜 만든 바이오가스를 이용하면 가구에 필요한 조명용·취사용 에너지를 얻을 수 있다.

실제로도 일부 나라에서는 기존 전력망에서 소외된 농촌 지역을 중심으로 재생에너지가 빠른 속도로 보급되고 있다. 사회적 기업 그라민 샥티를 비롯한 여러 조직이 태양광 발전 설비 설치비용을 감당할 수 있도록 가난한 농촌 가구에 각종 금융 지원을 해주고 있다. 덕분에 2017년 현재 방글라데시에서는 약 4백만 농촌 가구가 가정용 태양광 패널로 생산한 에너지로 소득을 늘려가고 있다. 더불어 태양광 발전 설비와 관련하여 창출된 10만 개의 일자리 역시 가구 소득을 늘리는 데 한몫하고 있다.

이처럼 가난한 개발도상국에서는 수백만 가구들이 재생에너지 덕분에 소득이 늘어나 학교에 가고 병원에 갈 여력이 생겼다. 이들은 재생에너지를 기반으로 가난과 무지, 질병의 덫에서 벗어나 밝은 미래를 설계

시골마을 집 지붕에 설치된 태양광 패널

하고 있다. 국제에너지기구IEA에 따르면, 2030년까지 기존 전력망을 이
용하시 못하는 가구 셋 중 한 가구가 태양광 발전 설비를 이용하게 될 거
라고 전문가들은 예측한다.

● 햇빛이 없을 때도 태양광 전기를 쓸 수 있다?

　햇빛이 없을 때는 태양광 발전을 할 수 없는데, 전기가 부족하면 큰 문
제 아니냐고 말하는 사람들이 간혹 있다. 이 문제는 기술 발전으로 충분

주택 지붕에 설치된 태양광 패널 몇 장 가지고 전기를 넉넉히 쓸 수 있냐고? 물론이다. 설비 용량 3kW인 태양광 발전 설비를 집집마다 설치해서 하루 4시간씩 발전을 하면 12킬로와트시의 전기가 생산된다. 30일이면 360킬로와트시의 전기가 생산된다. 우리나라 가구 한 달 평균 전기소비량은 약 300킬로와트시다. 가구 대부분이 부족함 없이 전기를 쓸 수 있다.

히 극복할 수 있다. 햇빛이 없거나 부족할 때는 태양광 발전량이 줄어들어 수요를 채울 수 없는 경우나, 볕이 강한 한낮에는 생산한 전력이 남아도는 경우가 생길 수 있다. 이런 재생에너지의 단점을 극복하기 위해 과거에는 대규모 전력망에 연계해 전기 수급을 조절하는 방식이 널리 쓰였다. 그러나 이제는 에너지 저장 기술과 분산형 전력망 기술이 빠르게 발전해 이런 한계를 뛰어넘을 수 있게 되었다.

에너지 저장 기술은 발전 설비에 남아도는 전기를 저장해두는 설비를 연결하는 기술이고, 분산형 전력망 기술은 상대적으로 비용이 적게 드는 소규모 전력망을 만들어 전기의 수급을 조절하는 기술이다. 최근에는 마을 단위 혹은 지역 단위로 소규모 전력망을 만들어 전력 생산과 공급을 통합하여 관리하려는 시도가 늘어나고 있다.

앞으로 분산형 전력망을 통해 재생에너지 전력을 공급받는 인구는 폭발적으로 늘어날 것이다. 재생에너지로 전기를 만들어 쓰고 폐열(쓰고 난 열)과 바이오가스 등 버려지던 에너지를 살려 쓰는 에너지 자립 마을들도 갈수록 늘어날 것이다.

에너지 전문가들은 2050년까지는 세계적으로 대규모 발전소의 비중

그레타 툰베리와 함께하는 기후행동

이 작아지는 대신, 지역 규모 발전소의 비중이 높아지고 개별 가구 혹은 수십 가구에 전력을 공급하는 소규모 발전 설비의 비중이 높아질 것이라고 예상한다.

● 풍력 발전이 빠르게 발전하고 있다

우리나라에서는 풍력 발전이 태양광 발전보다 낯설게 여겨진다. 그러나 2017년에 풍력 발전소는 전 세계 소비 전력의 4.4%를 생산했고, 유럽

허리케인에 초토화된 푸에르토리코 전력망

푸에르토리코는 화석연료에 의한 전기 생산이 98%에 이른다. 화석연료가 배를 통해 수입되고, 트럭과 송유관을 통해 대규모 화력발전소로 옮겨진다. 발전소에서 생산된 전기는 지상 전력선과 해저 케이블을 통해 장거리를 달려 수송된다. 이처럼 높은 수송 비용 탓에 전기요금이 미국 평균 전기요금의 두 배 가까이 된다.

2017년 8월, 허리케인 마리아의 초강력 강풍에 해안에 세워진 발전소가 파괴되었고, 송전탑이 무너지고 송전선이 얽혀 거의 모든 지역에 전력 공급이 끊겼다. 송전 시설은 발전 시설보다 훨씬 심각한 피해를 보았고, 송전 시스템 복구의 어려움으로 많은 지역에서 많은 사람이 전기 없이 위태로운 생활을 해야 했다. 2018년 6월까지도 이곳 인구의 12%가 전기 없이 살아야 했다.

대규모 정전으로 전력과 수돗물 공급이 끊기고 학교, 병원 등 공공시설이 마비되어 기본적인 생활에 위협이 닥쳤다. 대규모 인구가 푸에르토리코에서 탈출하기 시작했다. 2017년 8월부터 이듬해 2월까지 6개월 사이에 푸에르토리코에서 약 40만 명이 미국으로 이동했다.

이처럼 화석연료를 기반으로 한 중앙집중형 에너지 공급 시스템은 초강력 허리케인 앞에서 속수무책으로 무력화될 수 있다. 많은 사람이 푸에르토리코의 비극적인 경험을 교훈 삼아, 재생에너지를 이용한 분산형 발전과 소규모 전력망의 장점을 확인하게 되었다.

허리케인 마리아의 충격 이후로, 푸에르토리코에서는 태양열 패널 등 재생에너지 발전이 빠르게 증가하고 있다. 이 곳 정부는 2050년까지 재생에너지원으로 모든 전력 수요를 감당하겠다는 목표를 세우고 재생에너지 정책을 펴고 있다.

연합에서는 소비 전력의 11.6%를 생산했다. 미국, 독일, 스페인은 삼대 풍력 선진국이다. 세계 풍력 발전 생산량의 50%를 이 세 나라가 생산한다. 풍력 전력의 비율이 단연 높은 나라는 덴마크로, 무려 43.4%의 전기를 풍력으로 생산한다. 코스타리카, 니카라과, 우루과이 역시 풍력 발전으로 전력 소비의 10% 이상을 충당한다.

2017년 기준으로 세계 재생에너지(수력 포함) 발전 용량 중 4분의 1을 풍력 발전이 차지하는데, 이 비중은 갈수록 높아질 것이다. 육상뿐 아니라 해상에서도 풍력 발전이 빠르게 늘어나고 있어서, 2030년까지 유럽에는 약 50기가와트의 해상풍력 단지가 새로 들어설 것이다. (1기가와트 = 보통 원자력발전소 1기의 용량)

삼면이 바다로 둘러싸인 우리나라 역시 해상풍력 발전의 잠재력이 높아서 최소 33기가와트에 이른다. 아직은 생태계에 미치는 영향에 대한 우려와 부진한 정책적 지원 때문에 해상풍력 발전이 더디게 진전하고 있지만, 지속가능한 에너지원이라는 장점 덕분에 곧 이런 한계를 뛰어넘게 될 것이다.

석유 사용을 중단하면
교통대란이 날 텐데?

#전기자동차 #내연기관 자동차 #탄소발자국
#탄소제로 #RE100 선언

세계적으로 경제 활동별로 온실가스 배출량을 따져보면 교통 부문이 14%를 차지한다. 그 중 약 72%가 도로 교통 부문에서 발생하고, 항공, 해운 부문에서 각각 13%가 발생한다. 석유는 현재 교통 연료의 제왕 자리를 차지하고 있다. 따라서 교통 부문에서 발생하는 대량의 온실가스를 줄이기 위해서는 석유 사용을 줄여야 한다.

● 전기차가 대세다

전기자동차는 여러 가지 장점이 있다. 전기자동차는 휘발유나 가스 등의 화석연료 연료를 쓰지 않는다. 내연기관 자동차의 핵심인 엔진이 필요 없고, 축전지에서 공급되는 전기로 모터가 돌아가면서 바퀴를 움직인다. 휘발유나 가스를 태우지 않으니 배기 장치도 필요 없다. 따라서 화석연료를 쓰는 자동차와는 달리 막대한 온실가스를 배출하지 않는다.

유선전화는 한때 가정과 기업, 공공에 필수적인 소통 수단이었지만, 이제는 무선휴대전화에 밀려나고 말았다. 마찬가지로, 석유나 가스를 연료로 쓰는 자동차는 한때 가정과 기업, 공공에 필수적인 운송 수단이었지만, 이제는 전기자동차에 밀려나고 있다.

유선전화가 거의 사라졌듯이, 석유, 가스를 연료로 쓰는 자동차도 전기자동차에 밀려날 것이다. 이미 IT 기술과 전기자동차 기술이 결합하면서 운송 부문에서는 획기적인 변화가 일어나고 있다. 요즘 스마트폰은 음성으로 지시해도 알아듣고 검색을 하고 목적지를 찾고 정보를

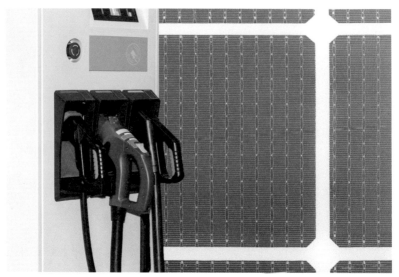
탄소제로 전기차의 필요조건 - 태양광 능 재생에너지 전력을 이용해야 한다.

송 · 수신하고 송금을 하기도 한다. 예약을 해두면 필요한 시간에 필요한 업무를 스스로 실행한다. 이 모든 기술이 고스란히 자동차에 적용될 수 있다.

따라서 가까운 시일 내에 전기차는 '바퀴 달린 스마트폰' 수준으로 진화할 것이다. 지시만 하면 원하는 곳으로 이동하고 자동으로 배터리를 충전할 것이고, 사용자가 신경 써서 운전하지 않아도 스스로 주위의 상황을 살피며 안전하게 운행하고 주차하니 차량사고도 줄어들 것이다. 한 마디로 자율주행이 가능한 스마트 자동차가 된다.

가정마다 기업마다 굳이 자동차를 소유해야 할 필요도 줄어든다. 스마트 자동차는 모든 위치 정보와 교통 정보, 사용자 정보를 통합해서 이

그레타 툰베리와 함께하는 기후행동

용할 수 있으므로 사용자는 원하는 시간에 가장 가까이 있는 자동차를 이용할 수 있게 된다 비싼 자동차를 사다가 하루 중 태반을 주차장에 세워둬야 할 필요가 없고, 따라서 주차공간이 크게 줄어든다. 자율주행 · 공유 자동차 체계가 일반화될 경우, 자동차와 주차장과 도로는 지금의 5분의 1 정도만 있어도 충분할 거라는 연구도 있다.

● 탄소제로 전기차의 필요조건

전 세계적으로 전기자동차가 빠르게 늘어나고 있다. 여러 나라가 전기자동차와 관련된 기간시설을 서둘러 건설하겠다고 발표했고, 여러 자동차 회사들 역시 전기자동차 생산에 주력하고 있다.

2018년 전 세계에서 팔린 전기자동차 수는 사상 처음으로 200만 대를 넘어섰다. 중국에서는 2018년에만 전기차가 130만 대나 팔렸다. 현재 중국은 세계 최대 전기차 시장으로 꼽히고 있다. 중국 정부는 온실가스 감축을 위해 시내버스와 택시용 차량을 전기차로 바꾸는 정책을 펴고 있다.

지구상에는 10억 대가 넘는 내연기관 자동차가 있다. 과연 10억 대의 내연기관 자동차를 모두 폐차하고 그 수요를 전기차로 채우면 온실가스 배출 문제는 깨끗이 해결될까?

그렇지 않다. 요컨대, 모든 전기자동차의 탄소발자국이 제로인 것은

화석연료로 만든 전력으로 충전되는 전기차는 여전히 온실가스 배출원이다.

아니다. 전기차가 명실공히 '탄소제로 자동차'로 인정받으려면 몇 가지 조건을 충족해야 한다.

첫째, 전기차 배터리를 충전할 때 100% 재생에너지 전기를 써야 한다. 석탄·가스 화력발전소에서 만든 전기로 배터리를 충전한다면, 발전소에서 전기를 생산하는 단계에서 이미 온실가스가 배출되기 때문이다.

둘째, 철강, 유리, 플라스틱 등 자동차 부품과 원료 생산 단계에서도 100% 재생에너지를 사용해야 한다.

셋째, 자동차 제조 및 유통 단계에 필요한 모든 에너지(조명과 컨베이어 시스템, 컴퓨터 등에 공급되는 전력)를 재생에너지원에서 충당해야 한다.

설령 첫째 조건(재생에너지로 만든 전기로 배터리를 충전한다)을 충족한다고 해도, 둘째, 셋째 조건을 충족하지 않는다면 그 전기차는 제조 과정에서 많은 탄소발자국을 남긴 셈이다. 아무리 전기차가 널리 보급된다고 해도 재생에너지를 이용한 전기 생산이 일반화되기 전까지는 운송 부문의 온실가스 배출량이 제로로 떨어지지는 않을 것이다.

지구상에서는 2025년까지 무려 2,200만대, 2030년까지 3,700만대의 전기자동차가 판매될 것이며, 새로 자동차를 사는 사람 셋 중 한 명이 전기자동차를 선택하리라 예측하는 사람들도 있다.

세계적으로 내연기관 자동차가 줄어드는 것은 반가운 일이다. 그러나 단순히 전기자동차 수를 늘리는 것만으로는 온실가스 감축의 확실한 해법이 되지 않는다. 앞서 말했던 세 가지 조건을 충족해야 운송 부문의 온실가스를 획기적으로 줄일 수 있다.

따라서 재생에너지 부문이 빠른 속도로 성장할 수 있도록 적극적으로 지원해야 한다. 동시에 화석연료 산업이나 내연기관 자동차 산업 등 온실가스 대량 배출산업을 대상으로 탄소세 등 강력한 배출 억제책을 시행해야 한다.

● 자동차 회사도 RE100 선언

RE100는 'Renewable Electricity 100%'의 약자로, 기후그룹The Climate Group과 탄소정보프로젝트CDP가 주도한 획기적인 캠페인이다. 이에 호응하여 많은 기업이 재생에너지 전력만 사용해서 제품을 생산한다는 목표를 달성하겠다고 공개적으로 선언했다. 애플, 구글, BMW, 페이스북, 마이크로소프트, 이케아, GM을 비롯한 191개 업체가 캠페인에 참여하고 있다. 특히 에너지를 많이 쓰는 기업들이나 IT 분야의 선도적인 기업들의 참여율이 높다.

국제적인 명성이 높은 기업들이 앞다투어 RE100 선언을 하는 이유는

RE100 선언을 한 기업들

뭘까? 이들 대기업은 에너지를 많이 쓰기 때문에 온실가스 배출 책임이 크다는 지적을 받아온 회사들이다. 앞으로 온실가스 배출에 대한 규제가 갈수록 심해질 테니, 차라리 적극적으로 재생에너지 전력으로의 전환을 추진하는 편이 낫다고 판단했을 것이다. 이들 기업은 덕분에 소비자들로부터 진취적인 기업이라는 호평까지 얻고 있다.

자동차회사 BMW의 경우, 하이브리드차나 전기차에 필요한 배터리 공급사에 '100% 재생에너지 전력을 써서 생산한 배터리'만을 납품하라고 요구하고 있다. 이처럼 RE100 선언을 한 기업들은 부품 공급사들에도 같은 기준을 요구하는 경우가 많다.

우리나라 기업들은 2019년까지 RE100 선언에 전혀 참여하지 않다가 2020년부터 차츰 참여하기 시작하여 2023년 3월 기준으로 30개 기업이 국제적인 RE100 선언을 하고 100% 재생에너지 목표를 정했다. 기후위

그레타 툰베리와 함께하는 기후행동

기가 나날이 거세져 갈 것이 불 보듯 뻔한 데도 많은 기업이 아직도 적극적인 행동에 나서지 않고 있다.

기업들이라고 해서 기후위기를 피해갈 재간은 없다. 기업들은 하루빨리 재생에너지로 전환해야 한다. 사치성 소비를 권하는 전략으로 돌파구를 찾으려는 생각을 버리고 탄소배출 감축에 기여하는 에너지 절약 상품을 공급하는 경로로 하루빨리 전환해야 한다. 정부 역시 최대한 이른 시일 안에 법과 제도를 정비해 기업들의 신속한 변화를 적극적으로 독려해야 한다.

우리나라의 기후위기 대응, 적절한가

#기후악당 #아열대 기후구 #온실가스 감축목표
#미세먼지 #발전원 전환

2018년 우리나라 국내총생산 GDP은 1조 6,556억 달러로, 세계 11위다. 그리고 에너지 사용량은 세계 10위를 달린다. 2017년 우리나라 온실가스 배출량은 6억 7,970만 톤으로 세계 7위를 기록했다. 우리와 경제 규모가 비슷한 스웨덴이 4,800만 톤인데 비하면 14배가량 많은 양이다. (BP 세계에너지통계보고서)

● 대한민국, 기후악당 국가

우리나라의 이산화탄소 누적배출량(1850년~2012년)은 132억 2,600만 톤으로 세계 16위이지만, 1960년대 이후로만 따진다면, 누적 배출량 순위가 훨씬 앞당겨진다(세계자원연구소 자료). 우리나라는 비교적 늦게 산업화를 시작했지만, 1990년부터 2010년까지 20년 사이에 우리나라 연간 온실가스 배출량은 갑절 넘게 늘었다. 경제협력개발기구 국가 중에서 가장 높은 증가율이다.

영국의 기후변화 연구기관인 기후행동추적 Climate Action Tracker 은 2022년에도 "한국의 기후변화 대응은 매우 불충분하다"고 지적했다. 이 기관은 지난 2016년에도 '온실가스 감축 목표가 너무 낮고 이행 방법도 소극적'이라는 이유를 들어 사우디아라비아, 호주, 뉴질랜드와 함께 우리나라를 '세계 4대 기후악당'이라고 지목했다.

이처럼 우리나라 기후 대응 성적표가 좋지 않은 까닭은 뭘까? 온실가스를 대량으로 배출하면서도 감축 목표가 높지 않고 대응 정책이 부실

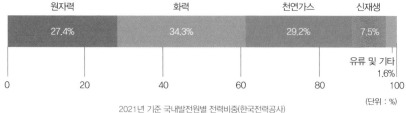

2021년 기준 국내발전원별 전력비중(한국전력공사)

하기 때문이다.

　2021년 기준으로 국내 발전원별 전력 비중은 석탄이 34.3%로 가장 높고, 그다음이 천연가스 29.2%, 원자력 27.4%, 신재생에너지 7.5% 순이다. 3년 전인 2018년에 비해, 석탄 화력의 비중은 7.6% 줄어든 대신 천연가스 화력의 비중이 2.4% 늘어 석탄 및 가스 발전의 비중이 전체 발전량의 63.5%에 이른다. 원자력의 비중은 무려 4% 늘어났고 신재생에너지의 비중은 겨우 1.3% 늘었다. 석탄 발전보다는 온실가스를 적게 배출한다고는 하지만, 천연가스 발전 역시 온실가스 배출 책임에서 벗어날 수 없다.

● 석탄 발전소, 그만 짓자

　우리나라가 석탄을 많이 쓰는 이유는 뭘까? 상대적으로 값이 싸기 때문이다. 그러나 석탄은 이산화탄소를 가장 많이 배출한다. 우리나라 온실가스 배출량 중 무려 40%가 전기를 만들 때 나오는데, 61기의 석탄발전소가 그중 80%를 배출한다.

그레타 툰베리와 함께하는 기후행동

석탄을 태워서 물을 데우고 그 증기로 모터를 돌리는 화력발전은 에너지 효율이 낮다. 원료인 석탄이 애초에 품은 열량이 100이라면 석탄 발전 및 수송 과정에서 증기와 열 등의 형태로 허공으로 날아가는 열량이 약40이다.

따라서 이처럼 에너지 효율이 떨어질 뿐 아니라 온실가스 배출이 많은 석탄 발전을 최대한 줄이되, 석탄을 쓰더라도 고효율 발전 기술을 쓰도록 유도해야 한다. 그런데 지금도 삼천포화력, 태안화력, 보령화력, 당진화력 등, 대규모 화력발전소들은 이산화탄소뿐 아니라 질소산화물, 황산화물 등 미세먼지 유발 물질을 열심히 내뿜고 있다. 이 발전소들을 모두 멈추고도 전기 수요를 충당할 수 있는 재생에너지 전력 수급 정책을 하루빨리 마련하여 실시해야 한다.

● 미세먼지, 우리 석탄발전소에서도 나온다

오래전부터 우리 국민은 심각한 미세먼지 걱정에 시달리고 있다. 최근 들어서는 고농도 미세먼지가 오래도록 한반도를 뒤덮는 일이 잦아져 불안감이 치솟고 있다. 전문가들은 이런 현상을 '대기 정체'와 '대기오염'이 합쳐진 결과로 본다.

미세먼지가 심해진 날이면 우리는 으레 중국 탓을 한다. 우리나라 미세먼지가 대부분 중국에서 온 것이라는 분석은 정확한 근거가 없다. 우리나

국내 석탄화력발전소 현황

자료: 환경운동연합

영흥화력 5080MW

당진에코 1160MW

당진화력 6040MW

태안화력 6100MW

보령화력 6000MW

서천화력 400MW

신서천 1000MW

동해화력 400MW

GS동해전력 1190MW

삼척그린파워 2000MW

포스파워 삼척화력 2100MW

영동#2 200MW

강릉안인 2080MW

영동#1 125MW

여수화력 678MW

호남화력 500MW

하동화력 4000MW

삼척포화력 3240MW

고성하이 2000MW

가동 중

건설 또는 계획 중

연료전환 추진

국내 석탄 발전소 현황. 태안화력, 보령화력, 당진화력 등, 국내의 대규모 화력발전소들은 질소산화물, 황산화물 등 미세먼지 유발 물질을 열심히 내뿜고 있다.(자료 환경운동연합)

라는 미세먼지 유발 책임이 전혀 없을까? 1인당 석탄 소비량을 따져보자.

2017년 중국의 석탄 소비량은 세계 석탄 소비량의 무려 51%를 차지했다. 이처럼 석탄 소비의 절대량이 많아서 중국은 '세계의 굴뚝'으로 불린다. 그러나 1인당 석탄 소비량을 따지면 중국에서는 변화가 보인다. 중국의 1인당 석탄 소비는 2013년 1.45TOE(석유환산톤)으로 정점을 찍고 2017년에는 1.37TOE로 줄었다. 그런데 2017년 우리나라의 1인당 석탄 소비는 1.68TOE으로 중국을 앞선다(미국은 1.02TOE, 일본은 0.95TOE, 유럽연합은 0.45TOE이다).

석탄발전소는 대기오염과 온실가스 배출의 주범으로 꼽히고 있는 만큼, 무엇보다 먼저 석탄화력 발전소를 줄여야 한다. 그런데도 우리는 석

그레타 툰베리와 함께하는 기후행동

탄발전소를 줄이기는커녕, 7기를 새로 짓고 있고 30년이 넘은 석탄발전소 30기의 수명을 10년 더 연장할 계획이다.

● 미세먼지, 도로를 달리는 차에서도 나온다

환경부에 따르면, 전국 미세먼지 배출량의 12%가 도로 수송부문에서 나온다. 또 인구가 밀집된 수도권에서 발생하는 미세먼지의 최대배출원이 바로 경유 자동차(무려 23%)다. 특히 화물차가 문제다. 자동차 배출 초미세먼지와 질소산화물의 60%가량이 경유를 주로 쓰는 화물차에서 나온다. 화물차는 일반적으로 승용차보다 30% 이상 긴 거리를 달리는데, 따라서 그만큼 많은 미세먼지를 배출한다.

최근에 제주도는 '탄소 없는 섬' 구현을 위해 전기자동차를 적극적으로 보급하는 정책을 펼치고 있다. 덕분에 2018년 한 해에만 전기차 약 7,000대가 보급되었다. 렌터카(2,193대)와 택시(224대)를 비롯해서 적은 수이긴 하지만, 버스(63대), 화물차(2대)를 포함해서 총 1만6,000여 대의 전기자동차가 제주 땅을 달리고 있다. 그런데 버스보다 오염 물질 배출이 적고 연료비 지출이 훨씬 적어 좋은 호응을 얻고 있다.

요컨대, 미세먼지를 줄이기 위해서는 석유를 쓰는 운송을 줄여야 한다. 재생에너지 발전을 늘려야 하고, 지하철, 철도 등 대형운송 수단을 확충해야 하고, 버스와 택시, 화물차, 승용차를 전기자동차로 바꿔나가야 한다.

● 국민의 의지를 못 따라가는 정부

우리 정부는 이렇게 석탄발전소를 계속 늘리면서도 온실가스를 줄이 겠다는 턱턱 내놓고 있다. 파리협약은 모든 회원국이 2020년까지 자국 의 온실가스 감축 목표를 정해 제출하도록 정했다. 우리나라는 2015년 에 2030년 온실가스 배출전망치에 견줘 37%를 감축하겠다는 약속을 국 제사회에 제출했다. 2030년 배출전망치는 추가적인 감축 노력을 하지 않고 지금과 같은 추세로 온실가스 배출을 계속할 경우 2030년에 배출 할 것으로 예측되는 온실가스 배출량 추정치를 말한다.

2021년에는 2018년 배출량 수준보다 40%를 감축하고 2050년에는 탄 소 중립을 이루겠다고 목표를 높여 잡았다. 우리나라 2018년 온실가스 배출량이 7억 2,760만 톤인데 거기서 40%를 줄여 2030년까지 배출량을

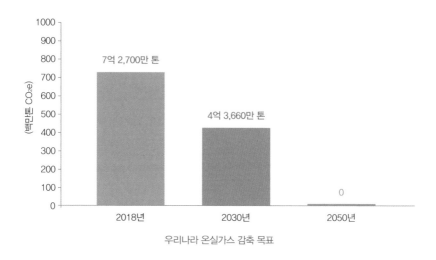

우리나라 온실가스 감축 목표

그레타 툰베리와 함께하는 기후행동

4억 3,660만 톤으로 줄이겠다는 것이다. 2030년까지 이 목표를 달성하려면 2021년부터 매년 약 4.2%씩 온실가스 배출을 줄여야 한다.

실제로 이 목표를 위한 정책이 제대로 진행되고 있을까? 만일 위 목표를 이루려면 2021년 배출량은 6억 5,900만 톤이어야 한다. 그런데 환경부가 잠정적으로 집계하여 발표한 2021년 잠정 배출량)은 6억 7,960만 톤으로 목표를 2천만 톤 이상 넘어섰다. 2019년 말부터 시작된 코로나19 위기로 경제 활동과 에너지 사용이 크게 줄어 2019년과 2020년에는 배출량이 감소했지만, 2021년부터 다시 상승하는 추세다.

게다가 매년 온실가스 4.2% 감축은 사회 전체가 급격한 변화를 감당할 때에만 이룰 수 있는 것이다. 우리 정부가 마스크 착용과 사회적 거리두기, 비대면 근무 및 수업 등 엄격한 보건 조치를 시행했던 2019년에 온실가스 배출량이 얼마나 줄었을까? 2018년보다 3.6% 감소했다. 우리는 코로나19 위기 때문에 집안에 갇혀 하고픈 일도 하지 못하고 만나고픈 사람도 만나지 못하는 고통을 겪었다. 그러나 우리는 합리적이고 질서정연한 대처로 코로나19 극복이라는 공동의 목표를 이뤄냈다.

기후위기를 막기 위해서는 2050년 탄소 중립을 이루어야 하고 매년 온실가스 4.2% 넘는 대규모 온실가스 감축을 이뤄내야 한다. 우리 정부는 더 적극적으로 움직여 공정하고 합리적인 정책을 펼쳐 국민의 의지와 실천을 모아내야 한다.

기후위기를 넘어
1.5도의 미래로

여러분은 우리의 기대를 저버리고 있습니다. 그러나 이제 우리 청소년들은 여러분이 우리 기대를 저버리고 있다는 것을 깨닫기 시작했습니다. 미래 세대 모두가 여러분을 주시하고 있습니다. 여러분이 우리 기대를 저버리는 길을 선택한다면 우리는 결코 용서하지 않을 것입니다. 교묘히 빠져나갈 생각은 하지 마십시오. 우리가 막을 겁니다. 여기서부터는, 지금부터는, 결코 우리가 용인하지 않습니다. 전 세계가 깨어나고 있습니다. 여러분이 좋아하든 싫어하든, 변화가 일어나고 있습니다.

— 그레타 툰베리, 2019년 9월 23일 유엔기후변화 정상회담에서 한 연설
　　중에서

탄소배출기계가 된
인간

#소비 #마케팅 #물질주의 #행복 #기후위기

우리가 나쁜 사람이라서 그런 건 아니다. 우리 중 많은 사람들이 속해 있는 시스템이 〈누구나 다 부자가 될 수 있을 만큼 자원이 풍족하지 않으니 누가 희생되든 개의치 말고 정상까지 기를 쓰고 헤치고 나가야 한다〉는 이야기를 끊임없이 하고 있기 때문이다.... 세상을 바꾸길 원한다면 우리 자신을 바꾸는 일부터 발 벗고 나서야 한다.

— 나오미 클라인, 『NO로는 충분하지 않다』 중에서

● 소비를 권하는 사회

1880년부터 2010년 사이에 배출된 온실가스의 3분의 2는 90개 기업이 배출한 것이라고 한다. 그 중 7개는 시멘트 생산 기업이고 나머지 83개는 모두 석탄, 석유, 가스 생산 기업이다(기후책임연구소Climate Accountability Institute 2013년 보고서). 이 90개 기업이 온실가스를 대량으로 배출해가며 생산한 재화와 서비스를 구매해 이들의 이윤을 불려주는 건 과연 누구일까? 바로 90개 기업이 생산한 상품(석유 등)을 직접 사서 쓰거나 그 상품을 이용해 만든 다른 상품(햄버거, 자동차, 주택)을 사서 써온 소비자들이다.

안타깝게도 우리는 날마다 이들이 파는 상품에 눈길을 빼앗긴다. 우리는 날마다 수백, 수천 개의 소비재 상징물과 마주친다. 아침에 눈을 뜨는 순간부터 잠이 드는 순간까지, 헤아릴 수 없이 많은 로고, 광고 음악, 표어, 상징적 디자인에 둘러싸여 지낸다. 우리는 야생동물의 생태나, 새소리, 동물 울음소리 등 이웃인 자연의 특징은 잘 알아보지 못하

그레타 툰베리와 함께하는 기후행동

지만, 여러 가지 소비재의 상징적인 표상들은 즉각적으로, 무의식적으로 알아본다.

그리고 어느 순간 그 상품을 사지 않으면 유행에 뒤떨어지는 사람이 되거나, 크게 손해를 볼 것 같은 마음에 쫓기다가 결국 지갑을 연다. 기업들은 대부분 이처럼 마케팅과 광고를 통해 소비자들을 현혹한다. 기업 광고의 목적은 상품에 대한 정확한 정보를 제공하는 데 있지 않다. 실제로는 소비자에게 꼭 필요한 건 아닌데도 그 상품을 사면 새로운 세계 (독특한 맛 혹은 독특한 개성, 평범하지 않은 품위)가 열릴 듯한 느낌을 주어 지갑을 열게 하는 게 기업 광고의 목적이다.

● 소비가 곧 품위라고 유혹하는 기업들의 마케팅

기업들은 소비자의 눈을 끌기 위해 계속 새로운 요소를 추기해 새로운 상품을 만들어낸다. 최신식 스마트폰은 1년도 안 되어 새 제품에 밀려 구식이 된다. 소비자들은 자동소비기계처럼 새로운 물건을 계속 사들인다. 당장 돈이 없어도 별문제가 되지 않는다. 신용카드로 사거나 할부구매를 하면 된다.

예컨대, 자동차 회사 직원은 당장 목돈이 없어도 할부구매를 하면 자동차의 주인이 될 수 있다고 고객을 설득하고, 고객은 그 설득에 마음이 흔들린다.

"맞아. 할부구매는 빚이 아니라, 투자야. 나중에 돈을 모아 사겠다고 말해왔지만 그게 가능할까? 계속해서 돈 쓸 데가 생기고 사야 할 물건이 계속 늘어나는데, 몇 년을 기다린다고 목돈이 모일 리 있겠어? 지금 할부구매 서류에 서명만 하면, 나는 저 세련된 자동차의 주인이야. 나라는 인간의 품위가 한 단계 상승하는 거야."

많은 사람이 어린 자녀들을 키울 때 가정에 해로운 물질을 들이지 않으려고 한다. 담배 연기는 물론이고, 유독성 물질을 사용해 만드는 장난감 따위가 침범하지 못하도록 자녀들 주위에 튼튼한 보호 장벽을 세운다. 그런데 소비재 광고는 거뜬히 그 장벽을 넘는다.

부모들이 사들이는 물건을 통해서, 텔레비전을 통한 각종 소비재 광

물질을 많이 가지는 게 행복일까?

그레타 툰베리와 함께하는 기후행동

고를 통해서 어린이들은 무수히 많은 소비재와 접촉한다. 특히 자극에 민감한 어린이들은 스펀지가 물을 빨아들이듯 소비재의 상징물들을 흡수한다. 말도 제대로 못 하는 두 살배기 어린이조차 여러 가지 장난감 상표를 알아보고, 각종 상표와 마스코트를 알아본다.

부모들 대부분은 자녀들에게 좋은 직업을 얻으려면 좋은 성적을 얻어야 한다고 말한다. 어떤 직업이 좋은 직업이냐고 물으면 돈을 많이 벌 수 있는 직업이라고 답한다. 간혹 영화 〈기생충〉 이야기를 꺼내는 사람도 있을 것이다. 영화 속 주인공 가족처럼 변변한 벌이가 없이 비좁고 열악한 반지하 방에서 살아서야 하겠느냐고, 넓고 청결하고 쾌적한 저택에서 품위 있게 살아야 하지 않겠느냐고 말하는 사람도 있을 것이다.

● 우울해? 쇼핑해! 신이 나? 쇼핑해!

고도 산업 사회에서는 물질이 생존을 영위하는 수단을 넘어서서 인간의 삶의 목표가 되었고, 나아가 삶의 이유가 되었다. 많은 사람이 물질주의에 사로잡혀 물건의 효능 자체에서 만족감을 얻기보다는 값비싼 물건을 소비할 수 있는 자신의 능력을 과시하는 데서 만족감을 얻는다. 사람을 평가할 때도, 재산이 얼마나 되고 얼마나 큰 회사에 다니고 연봉을 얼마나 받으며 얼마나 큰 집과 얼마나 큰 자동차를 소유하고 있는가를 따진다. 물질 추구에 절대적으로 많은 시간을 투자하기 때문에, 정작 행복을 주는 활동을 할 여유가 남지 않는다.

　많은 사람이 경쟁에서 뒤처졌다는 이유만으로 자신감을 잃거나, 많은 물질을 소유할 능력이 없다는 이유만으로 열등감에 빠진다. 때로는 경쟁에서 이기기 위해, 남보다 더 많이 벌기 위해 다른 모든 것을 희생한다. 가진 물건이 아무리 늘어나도 마음에는 충만한 기쁨이 깃들지 않아 우울감에 빠지기도 한다. 그러나 우리 사회는 물질주의에서 비롯되는 불쾌감을 물질주의로 해소하라고 부추긴다.

　"따분해? 쇼핑해! 우울해? 쇼핑해! 신이 나? 쇼핑해! 화가 나? 쇼핑해! 열 받아? 쇼핑해!"

　인간이 물질을 갖고자 하는 욕망을 좇아 내달리는 사이에 지구의 대기에는 대량의 온실가스가 쌓여 지구의 기후를 뒤흔들고 있다. 지금 눈앞에 닥친 기후위기는 많은 사람의 무의식 깊은 곳에까지 새겨진 물질주의가 초래한 결과다. 요컨대 이 물질주의를 극복하지 못한다면, 인류는 기후위기에 제대로 대응할 수 없다.

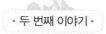

행복의 척도는
무엇일까?

#나우루 #국민소득 #행복 #물질주의 #공공의 이익
#허리케인 카트리나 #불편한 진실

우리나라는 해방 후 급속한 경제 성장을 이루어 70년 만에 원조를 받던 나라에서 원조를 베푸는 나라가 되었다. 최근에는 국민소득 3만 달러를 돌파했다. 일부 사람들은 드디어 선진국 대열에 들었다고 말하기도 한다. 그러나 높은 소득이 지속가능한 삶을 보증하는 것은 아니다.

● 물질의 풍요가 곧 행복일까?

자원 탕진 끝에 위기를 맞은 나우루는 화석연료 대량 소비 끝에 위기를 맞은 지구촌의 축소판이다. 이들이 처한 현실을 들여다보자.

남태평양의 작은 섬나라 나우루는 바닷새들의 배설물이 산호초 위에 수천 년간 쌓여 형성된 섬이다. 1890년대에 순도 100%에 가까운 인산염이 이 섬 전체를 뒤덮고 있다는 것이 알려진 뒤로, 평화롭던 나우루는 거대한 인산염 광산으로 변했다. 영국, 호주, 뉴질랜드, 일본 등 열강들이 몰려들어 섬 전체의 땅을 헤집어 인광석을 캐갔다. 이 나라들은 캐간 인광석을 이용해 농업용 비료를 만들어 식량 생산을 늘렸다.

나우루는 1968년 독립을 이룬 뒤, 인산염 채굴권을 확보하면서 막대한 부를 축적했다. 물고기를 잡을 필요도, 농사를 지을 필요도 없었다. 나우루 국민은 일하지 않고도 식품을 비롯해 모든 소비재를 수입품으로 충당하며 호화로운 생활을 했다. 걸어서 네 시간이면 섬을 한 바퀴 돌 수 있는 작은 섬인데도 사람들은 너도나도 최고급 자동차를 타고 열량이 아주 높은 수입가공식품을 사 먹었다.

황금과 생태계를 맞바꾼 대가는 혹독했다. 한때 나우루 성인의 90%가 과체중이 되었고 인구의 40%가 비만으로 인한 당뇨병을 앓았다. 나우루 사람들의 공유 터전인 땅이 버려진 폐석으로 뒤덮이고 지하수도 오염되

어 농사조차 지을 수 없게 되었다. 인광석 자원은 1백여 년 만에 바닥이 났다.

지금 나우루는 줄어든 세수를 메우기 위해 호주로부터 지원금을 받는 대가로 호주가 내친 난민들을 받아들이고 있다. 자원 탕진과 생태계 훼

인산염을 캐낸 뒤 폐허가 된 나우루의 땅

손, 해수면 상승으로 인한 수몰 위기까지, 지금 나우루 국민은 삼중의 위기를 맞고 있다.

● 돈이 지속가능한 삶을 보장해줄까

소득이 많은 것, 혹은 좋은 물건을 많이 사용하는 것이 행복은 아니다. 한때 나우루의 1인당 국민소득은 미국의 국민소득보다 높았다. 안타깝게도 국민소득에는 인간의 삶에 긍정적인 영향을 미치는 것들뿐 아니라, 부정적인 영향을 미치는 것을 생산해서 올린 소득도 포함된다.

나우루의 예를 들면, 새로 캐낸 인광석의 가치는 국민소득에 반영되지만, 일은 하지 않고 편안하게만 살다가 비만과 당뇨병을 얻게 된 수많은 사람의 고통은 반영되지 않는다.

좀 더 가까이 우리나라 상황을 돌아보자. 국민소득을 계산할 때 흔히 쓰이는 방법은 국내총생산GDP이다. 우리나라 땅에서 일어난 모든 생산을 돈으로 평가한 것이다. 우리나라 국내총생산에는 수많은 공장이 유해 물질을 내뿜으며 생산한 모든 물건이, 그리고 사람에게 해를 입힐 목적으로 생산된 모든 무기의 가치가 포함된다. 그 물건들 때문에 생태계와 인간이 입게 되는 피해는 전혀 반영되지 않는다. 또한, 새로 생산되는 공기청정기와 정수기의 가치는 국내총생산에 포함되지만, 이 제품의 수요를 부추기는 미세먼지 문제와 물 오염 문제는 전혀 반영되지 않는다.

석탄발전소 한 기를 새로 건설했다고 가정하자. 이 석탄발전소의 가치도 국내총생산에 포함된다. 그러나 이 발전소를 건설하느라 숲을 베어내는 과정에서 일어난 생태계 파괴, 그리고 발전소를 가동할 때 나오는 온실가스가 초래하는 기후위기는 국내총생산에 전혀 반영되지 않는다. 석탄발전소의 미흡한 안전조치로 여러 노동자가 희생된 것도 반영되지 않는다.

행복이 돈을 따라오는 것이 아니라면, 대체 어디에서 오는 걸까?

● 행복한 시간을 훔치는 도둑을 막아라

미카엘 엔데가 지은 소설『모모』는 주인공 모모가 사람들에게서 시간을 빼앗아가는 시간 도둑과 맞서 싸우는 이야기다. 이 소설에는 화려한 언변으로 사람들을 속여 넘겨 시간을 빼앗는 계약서에 서명하게 만드는 기술을 가진 회색 신사가 나온다. 회색 신사는 부지런하고 친절한 이발사 푸지 씨를 향해 이렇게 꾸짖는다.

시간 도둑을 물리치러 나선 모모

"선생님, 시간을 어떻게 아끼셔야 하는지 잘 아시잖습니까! 일을 더 빨리 하시고 불필요한 부분은 모두 생략하세요. 지금까지 손님 한 명당 30분이 걸렸다면 이제 15분으로 줄이세요. 시간 낭비를 가져오는 잡담은 피하세요. 나이 드신 어머니 곁에서 보내는 시간을 절반으로 단축할 수도 있습니다. 가장 좋은 것은 어머니를 좋지만 값이 싼 양로원에 보내는 겁니다. 그러면 어머니를 돌볼 필요가 없으니까 고스란히 한 시간을 아낄 수 있지요. 아무짝에도 쓸데없는 앵무새는 내다 버리세요! 다리아 양을 꼭 만나야 한다면 두 주에 한 번만 찾아가세요! 15분의 저녁 명상은 집어치우세요. 무엇보다 노래를 하고, 책을 읽고, 친구들을 만나느라고 귀중한 시간을 낭비하지 마세요. 얘기가 나온 김에 한 가지 충고하는데, 잘 맞는 커다란 시계를 하나 이발소에 걸어 놓으세요. 견습생이 일을 잘 하고 있나 감시할 수 있게 말이지요."

—미카엘 엔데의 『모모』 중에서

회색신사는 파괴와 경쟁, 반목과 시샘, 무관심, 공격, 외면을 부추긴다. 결국, 사람들은 돈벌이가 되지 않는 일에 시간과 열정을 쏟는 것을 낭비라고 여기고 업무 효율 향상에 도움이 되지 않는 모든 시간을 줄이거나 없애고 기계처럼 살아간다. 행복한 시간을 줄이고 불행의 늪으로 빠져든다.

이 소설은 우리에게 질문을 던진다. "우리 삶에서 소중한 것은 무엇인가?", "우리는 무엇에서 행복을 느끼는가?" 우리는 사랑, 친절, 우정, 취미, 여가, 건강과 웃음과 가족과 공동체와 협력과 공감에서 행복을 느낀다. 우리는 물질주의라는 회색 신사가 빼앗아간 행복을 되찾아야 한다.

물질주의의 유혹에서 헤어나지 못한 채 기후위기를 이대로 내버려 둔다면, 우리는 행복을 되찾을 길을 영원히 잃게 될 것이다. 지금은 위급한 비상사태다. 예전과 같은 평범한 일상을 영위하면서 편안하게 기후위기를 안정시키겠다는 생각은 헛된 환상일 뿐이다.

● 무너진 제방, 방치된 공공의 이익

2005년 허리케인 카트리나가 미국 루이지애나 주 뉴올리언스를 공격했다. 뉴올리언스에는 바닷물이 밀려드는 걸 막기 위해 설치한 제방이 있었다. 그러나 부실한 제방은 초강력 폭풍에 불어나 밀려드는 엄청난 물의 힘을 견디지 못하고 무너졌다.

결국 뉴올리언스 도시 전체가 물바다가 되어 가옥 10만 채가 파손되고 많은 사람이 다치고 죽거나 물에 갇혔다. 가난하고 힘이 없는 사람들 중 태반이 아무런 도움을 받지 못한 채 방치되었다. 홍수 피해 사망자 2천여 명 중 대부분이 가난한 사람들이었다.

허리케인의 공격이 잦은 해안 도시인만큼 제방은 도시를 보호하는 중요한 시설이었다. 그러나 제방은 제 기능을 하지 못했다. 허리케인이 워낙 강력하기도 했지만, 제방이 보수가 필요한 상태인데도 방치되어 있던 것도 큰 원인이었다.

민간 회사는 개인을 위한 서비스를 제공하고 이익을 얻는다. 민간 회사는 돈만 벌 수 있으면 거의 모든 걸 해준다. 즉 민간 회사는 돈을 따라간다. 그러나 정부는 수익을 따지지 않고 공공을 위한 서비스를 제공해야 한다. 만일 정부가 수익이 되는 일만 따져서, 혹은 사람을 가려서 정성껏 서비스를 제공한다면 그 정부는 당연히 신임을 잃을 것이다(그 정부로부터 흡족하게 서비스를 받은 사람들의 경우는 다르겠지만).

그런데도 트럼프 정부는 온난화가 인간 활동 때문이 아니라며 이전 정부 때 마련된 각종 기후변화 및 환경 관련 법규들을 차례차례 뒤집었다. 트럼프가 기후위기 대응책을 없애버린 행동의 결과는 지금 당장 눈앞에 드러나지 않을지도 모른다. 하지만 그 파급력은 도미노처럼 퍼져 나가며 복잡한 연결 관계를 통해 몇 년 혹은 몇 십 년, 몇 백 년 뒤의 기후위기를 더욱 격화시킬 공산이 크다.

앞서 살펴보았듯이, 우리 정부의 대응도 대단히 미흡하다. 다른 나라 눈치를 보며 온실가스 감축 계획을 내놓고는 구색 맞추기로 정책을 펼쳐서는 제대로 된 감축 성과를 거둘 수 없다.

● 지구를 지키는 것이 나를 지키는 것이다

우리는 곧잘 외면한다. 공익을 보호하는 것이 곧 나의 이익을 보호하는 것이라는 진실을. 그러나 자신들의 일상 속 체험을 통해 공익(생태계

그레타 툰베리와 함께하는 기후행동

허리케인이 휩쓸고 간 주택가

보전)은 곧 사익(개인의 생존 보장)이라는 진실을 깨닫고 실천하는 이들
이 있다.

2008년 2월 26일 일래스가 키발리니 마을에 거주하는 이누피아트 원
주민 약 390명이 캘리포니아에서 석유, 석탄, 전력회사를 대상으로 연방
소송을 시작했다.

이들은 이렇게 주장한다. "우리 선조들은 수천 년 전부터 철따라 축치
해로 이동하는 동물을 사냥하며 생활을 영위해 왔다. 이곳이 우리 안마
당이고 우리 정체성이고 우리 생계수단이다. 이곳이 없으면 우리는 본
연의 모습을 잃게 될 것이다. 우리의 생활방식과 우리가 크게 의존하는
동물들을 위험으로 몰아넣는 행동에 무조건 반대한다"

이들은 이들 회사가 온실가스의 배출을 통해 지구온난화를 일으켰을 뿐 아니라, 대중이 온실가스 배출과 지구온난화의 연관성을 깨닫지 못하도록 하는 활동까지 추진해 왔다고 지적했다. 이런 근거로 공공재산과 사유재산을 누릴 키발리나 주민의 권리를 침해하였다는 이유로 피해 배상을 요구했다. 결국 소송에서 이기진 못했지만 이들은 진실을 알고 있었다.

그러나 승소한 판결도 있다. 2014년, 알래스카 원주민 연합체가 대규모 환경단체들과 협력하여 극지 심해 유전 탐험 사업의 중단을 요구하는 소송에서 승소 판결을 따냈다. 이 연합체는 미국 내무부가 셸을 비롯한 석유 가스 회사들에 축치해(미국 알래스카와 러시아 사이에 있는 바다)의 시추 허가를 내준 것은 청정한 바다와 밀접하게 연관되어있는 이누피아트 원주민의 생활을 위협할 뿐 아니라 수많은 위험성을 고려하지 못한 행위라고 주장했다.

이들은 수천 년 동안 생태계의 자연스러운 흐름을 존중하는 생활양식을 일궈온 공동체다. 물론 이들의 목소리는 크지 않다. 그러나 이들의 작은 목소리는 공익(생태계 보전)을 외면하고 사익(기업의 이익)만을 챙기는 화석연료 산업의 거침없는 폭주를 막는 힘이 될 수도 있다. 아주 작은 힘이 모이고 쌓이면 연쇄효과를 일으켜 거대한 시스템을 무너뜨리는 것처럼 말이다.

그레타 툰베리와 함께하는 기후행동

기후위기 비상 사태를 선포하라

#기후위기 #탄소발자국 #파리협약 탈퇴
#정의로운 사회 #청소년기후행동

교토기후협약이 체결된 후 30년 동안, 세계는 화석연료를 점점 더 많이 캐내고 더 많이 태우면서 기후회의에서 내놓은 약속을 서슴지 않고 깼다. 그사이에 점점 더 많은 온실가스가 대기 중에 쌓여가고, 지구 기후는 점점 더 요동을 치고, 점점 더 맹렬한 기후 충격이 인류를 덮치고 있다.

● 30년이 넘도록 온실가스는 줄지 않고

"당신들은 내가 태어날 때부터 지금까지 줄곧 협상만 하고 있군요! 그 긴 시간 동안 당신들은 서약한 내용을 지키지 않았고 목표를 놓쳤고 약속을 깼습니다."

이 말은 2011년 남아프리카공화국 더반에서 열린 당사국총회장 청중석에서 당시 21살이었던 캐나다 대학생 안잘리 아파두라이가 각국 대표단을 향해 던진 말이다.

그로부터 여러 해가 지난 지금도 상황은 마찬가지다. 리우회의가 열렸던 1992년 이후로 30년이 넘도록 기후회의가 계속되어왔지만, 기후회의에 참석한 당사국들은 아직도 숫자와 시행 시기를 놓고 언쟁을 벌이고 중요한 안건을 다음 회의로 넘기며 구체적인 온실가스 감축 노력을 소홀히 하고 있다.

그 30여 년 사이에, 세계는 화석연료를 점점 더 많이 캐내고 더 많이 태우면서 기후회의에서 내놓은 약속을 서슴지 않고 깼다. 그사이에 점

그레타 툰베리와 함께하는 기후행동

점 더 많은 온실가스가 대기 중에 쌓여가고, 지구 기후는 점점 더 요동을 치고, 점점 더 맹렬한 기후 충격이 인류를 덮치고 있다.

● 기후위기, 당장 움직이지 않으면 늦는다

 일찍 산업화를 이룬 온실가스 주요 배출국들은 자국 기업과 국민의 탄소발자국을 줄이고, 가난한 나라들의 탄소발자국이 늘어나지 않도록 도와야 할 책임이 있다.

 그러나 많은 온실가스 주요 배출국이 이런 책임을 다하지 않고 있다. 이 나라들의 수많은 대기업은 여전히 막강한 재력과 조직을 이용해 자기 이익을 챙기는 데 힘을 쏟는다. 또한 막강한 경제력을 이용해 정치에 까지 손을 뻗는다. '온실가스 줄이겠다고 경제를 죽일 수는 없는 일'이라며 온실가스 감축 정책을 펴지 말라고 자기 나라 정부들을 부추기기까지 한다.

 앞서 보았듯이, 미국의 트럼프 대통령은 기후변화의 현실을 외면한 채 파리협약 탈퇴를 선언하고는 자국 경제를 살리겠다고 선언했다. 그는 이 명분을 내세워 온실가스 감축 노력을 등한시하는 것을 넘어서 오히려 역주행을 일삼고 있다. 중국은 이런 미국의 태도를 비난한다. 그러면서도 중국 역시 자국의 경제성장을 독려하며 어느 나라보다 많은 온실가스를 배출하고 있다.

정의로운 사회란 사회 내의 한 집단이 희생을 감수하고라도 양보하면 다음에는 다른 집단이 양보할 거라는 믿음이 살아있는 사회다. 지금 당장은 내가 희생하는 것 같아도 내가 어려움에 부닥칠 때는 과거의 희생에 대한 대가를 받게 될 거라는 믿음이 유지되는 사회다.

국제 사회에서도 마찬가지다. 어느 한 나라가 자국의 이익을 위해 국제적인 약속을 깨뜨리며 신뢰를 깬다면, 그 파급력은 지구촌 구석구석까지 퍼져나가 총체적인 혼란을 일으킨다. 결국 지구 기후와 생태계 전체가 무너지는 사태가 벌어질 것이다.

● 들불처럼 번져가는 기후행동

전 세계에서 많은 청소년이 이미 행동에 나섰다. 2019년 3월과 5월에는 전 세계 100여 국가에서 청소년 140만 명이 그레타를 따라 기후 대응을 요구하며 등교를 거부하는 행사를 치렀다. 전 세계 약 800개 도시 수만 명의 청소년이 매주 금요일마다 등교를 거부하고 기후시위에 참여하고 있다. 이들이 등교를 거부한 채 시위를 벌이는 이유는 기후위기가 비상 사태급의 최악의 위기라고 생각하기 때문이다.

뉴욕에서 개최되는 유엔기후변화 정상회담을 앞둔 2019년 9월 21일, 160개국에서 400만 명이 동시에 시위를 벌였다. 서울, 부산 등 우리나라 곳곳에서도, 어른들보다 앞서서 기후행동에 나선 청소년들의 행동을 지

독일 함부르크에서 기후행동에 나선 사람들

지하며 수많은 사람이 기후행동에 나섰다. 이 날 서울에서는 5천 명의 사람들이 종로 거리에 '죽은 것처럼 드러눕는die-in' 시위를 벌이며 지구상의 모든 생명이 멸종할 수 있는 비상상황이 되었음을 경고했다. 그 후로도 기후행동 참가자들은 기후위기의 심각성을 널리 알리는 한편으로 정부에 기후비상사태를 선포하고 적극적이고 긴급한 대응을 할 것을 촉구하는 행동을 이어가고 있다.

● 하나뿐인 지구, 1.5도의 미래를 위하여

이제껏 우리는 이 지구를 다 털어 쓰고 나면 가져다 쓸 수 있는 지구가

두세 개쯤 더 있는 것처럼 지구 자원을 탕진해 왔다. 그러나 지구는 하나뿐이다. 인류가 옮겨가 살 수 있는 또 다른 행성은 존재하지 않는다. 온실가스 배출량을 빠르게 줄여나가 지구의 기후와 생태계가 안정을 되찾도록 돕는 것 말고는 우리에게는 그 어떤 대안도 없다.

인류는 하나뿐인 지구에서 1.5도의 미래를 만들기 위해 당장 어떤 실천을 해야 할까?

1. 에너지 소비를 줄이고 에너지 낭비를 막기 위해 적극적으로 행동해야 한다.

2. 화석연료를 쓰지 않는 에너지원을 개발하고 사용해야 한다.

3. 열대 산림 벌채를 멈추고 농축산 분야의 온실가스 배출량을 줄여야 한다.

2019년 9월 21일 기후행동에 나선 시민들. 정부에게 기후위기 인정하고 비상사태를 선언하라고 촉구하고 있다. (출처 921 기후위기비상행동)

그레타 툰베리와 함께하는 기후행동

4. 가난한 나라들이 온실가스 배출 없이 산업을 발전시킬 수 있도록 효율적인 적정기술을 개발하고 제공해야 한다.

5. 온실가스 배출을 억제하기 위한 세금 정책과 규제책, 장려책을 적극적으로 시행해야 한다.

  이런 실천은 국제사회, 국가, 지역, 개인 등 모든 차원에서 이루어져야 한다. "국가가 알아서 하겠지!" 생각하고 관심을 접어서는 안 된다. 국가를 움직이는 것은 나 개인, 내 가족, 내가 사는 마을 사람들, 내가 사는 도시 사람들이다. 우리는 기후행동에 나선 세계 곳곳의 청소년들처럼 인류의 공멸을 막는 기후 전사, 지구가 혼돈에 빠지는 것을 막는 탄소 전사가 되어야 한다.

사람들은 〈지구를 구하자〉라는 표현을 많이 쓴다. 2019년 4월 환경부는 기후변화 주간을 맞아 4월 22일 지구의 날에 전국 소등 행사를 알리는 홍보물에 〈나의 지구를 구해 줘〉라는 문구를 넣었다. 나는 이 표현이 옳지 않다고 생각한다.

〈지구를 구하자〉는 말을 들으면 〈북극곰을 구하자〉, 〈멸종위기종을 구하자〉 혹은 〈기아에 허덕이는 가난한 나라 아이들을 구하자〉라는 말과 비슷한 느낌을 받지 않는가?

물론 우리 인간은 멸종위기종이나 굶주리는 아이들을 돕는 실천에 나설 수 있다. 가령 많은 사람이 그 생물이 살아가는 데 유리하도록 환경을 바꿔 달라고, 혹은 굶주리는 아이들에게 좋은 음식을 보내 달라고 자선 단체에 후원금을 보내곤 한다. 그리곤 작은 힘을 보탰다며 잠시나마 뿌듯한 자긍심을 느낀다.

그렇다면 지구는 어떤가? 인간은 과연 지구를 구할 수 있는 위치에 있을까? 사실 인간은 지구가 살아갈 수 있도록 자애를 베풀 만한 위치에 있지 않다. 인간은 지구 기후 체계에 의지해서 살아가는 무수한 생명체

중 한 종이다. 지구의 생애가 24시간이라면 인간이 출현해서 존속해온 시간은 2분, 3분에 불과하다.

그런데 그 짧은 기간 동안 인간은 지구생태계를 처참하게 망가뜨리고 지구 기후를 뒤죽박죽으로 만들어놓았다. 자기보다 천 배나 무거운 고래를 거뜬히 잡아 올리고, 유전자를 조작해 식량 생산을 늘리고, 바다를 메워 지도를 바꾸고, 수심 수천 미터의 심해 바닥에 구멍을 뚫어 수천 미터 깊이에서 석유를 뽑아내고 있다. 우리는 지구 탄생 이후 그 어떤 생물도 이루지 못한 엄청난 업적을 올렸으니 인간이야말로 만물의 영장이라고 뽐을 낸다.

하지만 우리 인간은 화석연료를 무분별하게 캐내 태운 탓에 지구 기후 시스템을 혼돈으로 몰아넣었다. 지금은 전국 소등 행사 따위에 자족하고 있을 때가 아니다. 한 등 끄기, 안 쓰는 전기제품 플러그 뽑기, 전기 아껴 쓰기, 자원 재활용, 대중교통 이용하기 등의 실천을 권고하는 정도에 그친다면, 오히려 기후변화 문제를 가벼이 보게 만들 수 있디. "엉? 심각한 줄 알았더니, 별일 아닌가 보네?" 하고 말이다.

사람들은 대부분 이런 권고를 들으면 그 정도는 해도 그만 안 해도 그만이라고 느끼기 쉽다. "지구온난화가 현실이 될 거라는 건 알아. 하지만 편안한 지금의 일상을 버리고 싶은 생각은 없어. 당장 내가 피해를 보는 건 아니잖아. 먼 나라에서, 아니면 먼 미래에 닥칠 일이니까 나만큼은 피해를 보지 않을 거야. 약간 마음이 켕기긴 하지만 적당히 넘어가자."

이런 무심함이 우리의 현재와 미래를 낭떠러지로 몰아가고 있다. 사람들은 좋은 직장을 잡아 안정된 소득을 얻는 게 최고라고 생각한다. 청소년들이 "기후변화가 심각한 데 가만히 있으면 안 되잖아요?"라고 말하면 그런 일에 신경 쓸 틈이 어디 있느냐고 열심히 공부나 하라고 나무란다.

열심히 돈을 벌고, 열심히 공부하면서 평온한 일상을 보내고 있으면, 불현듯 하늘에서 기적의 문이 열려 대기 중에 쌓아 놓은 이산화탄소를 말끔히 빨아들일 날이 올 거라 기대한다면 큰 오산이다.

앞으로 기후위기가 얼마나 심각해질지 우리는 정확히 예측할 수 없다. 기후위기가 점점 빠른 속도로 치달으면 우리는 잔혹한 적자생존의 경쟁으로 떠밀려가게 될 것이다. 그 속에서 우리는 사랑과 친절과 우정, 취미와 여가, 건강과 웃음, 가족과 공동체, 협력과 공감을 잃어버릴 것이다.

기후위기가 심해져 지구촌이 지옥으로 변하기 전에, 우리는 당장 진실을 널리 알리고 행동에 나서야 한다. 우리가 지금 행동에 나선다면, 재해의 규모와 피해의 규모를 줄일 가능성이 크다. 가능성이 있다는 것만으로도 우리가 행동해야 할 충분한 이유가 된다.

무엇보다 그레타 툰베리를 비롯한 각국의 청소년들이 하고 있듯이, 정부가 당장 효과적인 정책을 마련하고 적극적으로 실행하도록 압박해야 한다.

- 온실가스 감축을 위한 전 국민적인 합의를 이루고 행동에 나서야 한다.
- 사회 각 영역에서 사적인 이익이 공적인 이익을 짓밟지 못하도록 국민적 힘을 모아야 한다.
- 경제를 살려야 한다는 핑계 뒤에 숨어 정부가 미적거리지 않도록 국민적 목소리를 모아야 한다.

더 늦기 전에 일상을, 가정을, 사회를, 경제를, 정치를 바꾸자. 더 늦기 전에, 가정에서, 학교에서, 상점에서, 지하철에서, 버스에서, SNS에서, TV를 비롯한 모든 공간에서 시끄러운 경고음을 울리자.

교과연계 내용

과목 · 과정	중학교 과정
공통 지구과학	지구계 / 광물 / 암석 / 수권의 구성 / 해수의 특성과 순환 / 대기권의 구성과 구조 / 복사평형 / 대기 대순환
3학년 사회	에너지 자원 / 환경문제와 지속가능한 환경 / 사회문제와 해결 / 지속가능한 발전 / 국제사회와 국제 정치 / 현대 사회와 사회 문제
3학년 기술	에너지의 이해 / 에너지 자원의 이용 / 신, 재생에너지 / 동력 기관의 원리 / 수송기술의 이용 / 미래기술
과목 · 과정	고등학교 과정
1학년 통합과학	지구의 복사평형 / 지구온난화 / 기후협약 / 화석연료의 생성과 지구 에너지의 근원 / 에너지와 환경 / 내연기관과 외연기관
1학년 통합사회	세계의 자원 분포와 소비 / 지속가능한 발전 / 미래의 지구촌
3학년 사회문화	지구온난화의 원인 / 기후난민 / 지속가능한 개발
3학년 경제	온실가스배출권거래제
3학년 세계지리	기후변화협약 / 세계의 다양한 환경 문제 / 에너지 자원의 분포와 특성
3학년 생활과 윤리	환경과 윤리 / 기후변화협약
3학년 지구과학	지구계의 구성요소 / 기압과 날씨 / 대기대순환과 해류 / 지구의 복사평형 / 지구환경의 변화 / 환경오염의 발생과 피해 / 온실효과와 지구온난화 / 지구온난화의 연쇄 반응 / 지구 기후변화와 온난화
3학년 한국지리	지구변화와 자연재해 / 지구온난화와 우리나라의 계절변화 / 에너지 자원의 분포와 이용
3학년 화학	화석연료의 이용 / 화석연료의 연소 반응
3학년 물리	핵에너지와 신재생에너지

그레타 툰베리와 함께하는 기후행동

그레타 툰베리와 함께하는 기후행동

기후위기, 행동하지 않으면 희망은 없다

초판 1쇄 발행 2019년 10월 28일
　　　7쇄 발행 2023년　5월　8일

지은이 | 이순희 · 최동진
펴낸이 | 박유상
펴낸곳 | 빈빈책방(주)
디자인 | 기민주

등　록 | 제2021-00186호
주　소 | 경기도 고양시 덕양구 중앙로 439 서정프라자 401호
전　화 | 031-8073-9773
팩　스 | 031-8073-9774
이메일 | binbinbooks@daum.net
페이스북 /binbinbooks
네이버 블로그 /binbinbooks
인스타그램 @binbinbooks

ISBN 979-11-90105-02-6

• 이 도서는 한국출판문화산업진흥원의 '2019년 출판콘텐츠 창작 지원 사업'의 일환으로 국민
　체육진흥기금을 지원받아 제작되었습니다.